网电空间与安全

周贤伟　主编

林福宏　王建萍　许海涛　陈月云　刘倩　副主编

国防工业出版社

·北京·

内容简介

网电空间目前已经发展成为一个从抽象到具体,从单纯虚拟空间到物理、信息、认识、社会多维空间的智慧电磁系统,成为承载科学、经济、艺术、文化的全新空间,成为影响经济发展和文化传播的重要平台。

本书紧紧围绕网电空间的定义、体系架构、网电空间的安全展开,全面介绍了网电空间的安全体制,从用户角度全面解释了网电空间的安全,反映了网电空间的安全研究现状,内容全面。

本书可供从事信息安全研究的技术人员使用,也可供军事爱好者阅读。

图书在版编目(CIP)数据

网电空间与安全 / 周贤伟主编. —北京:国防工业出版社,2015.2

ISBN 978 - 7 - 118 - 08799 - 4

Ⅰ. ①网… Ⅱ. ①周… Ⅲ. ①互联网络 - 安全技术 - 研究 Ⅳ. ①TP393.408

中国版本图书馆 CIP 数据核字(2015)第 014482 号

※

国防工业出版社出版发行

(北京市海淀区紫竹院南路23号 邮政编码100048)

国防工业出版社印刷厂印刷

新华书店经售

*

开本 880 × 1230 1/32 印张 6¾ 字数 190 千字

2015 年 2 月第 1 版第 1 次印刷 印数 1—3000 册 定价 38.00 元

(本书如有印装错误,我社负责调换)

国防书店:(010)88540777 发行邮购:(010)88540776

发行传真:(010)88540755 发行业务:(010)88540717

序

Cyberspace 一词,有译作"赛博空间"者,本书定为"网电空间"。

应该承认,美国人的创新精神强,这是美国科技领先的重要原因之一。除了具体技术,美国人在体系、概念上的新提法也层出不穷,不断地引领潮流,互联网就是一个,几乎改变了科技、产业、媒体、生活等的方方面面。但他们提出的有些概念,以我贫乏之知识,则会感到不得要领,"网电空间"即其一例。近些年,有关网电空间的文章不少,也有少数这方面的书籍出版。其中,以介绍情况、说明理解、联系个别应用者居多。然而,由于此题目的不确定性、不成熟性、理解的差异性,这些讨论还需不断深入,也一定会持续地探讨下去。数年前在会议上与周贤伟教授讨论过"网电空间",他们团队对于新技术发展较敏感,也投入到网电空间的研究之中。日前,周教授告知其新书《网电空间与安全》一成稿,嘱为之作序,虽感力不从心,仍不揣浅陋而勉为其难,意其作具特色,值得推介。粗略浏览了书稿,尚未能深入理解,但觉此书有数点突出处,值得一读。一、材料丰富,收集、参考了自威廉·吉布森创造"cyber"一词以来大量有关资料,包括技术、管理和哲学,加以综述提炼,方便了读者。二、用4、5、6三章的篇幅重点讨论了网电空间的安全攻防及管理,是大众关注的热点。安全是双方、多方的博弈,世上原无绝对的安全,但在事关国防军事、国计民生的"网电空间"上人们对安全保密更不敢有半点懈怠。本书对此做了多方面讨论。三、联系应用,8、9两章从最重要、最为人关注的法律和军事应用开始,讨论了多种最可能应用,能给读者诸多启发。此书适应的读者范围较广,既可作为国防军事领域研究人员学习、了解网电空间的参考读物,也可作为相关领域尤其是高等院校信息、电子、通信和计算机等专业师生的参考用书。总之,本书对关心和研究"网电空间"的各方面读者均值得阅读,不妨

一试 。有一点需要提醒注意,由于书中很多材料取自国外资料,加之翻译语言上的差异,有些地方读者需依自己的理解加以体会。

最后,提出常困惑我的一个问题,希望能与看了此书的读者探讨。如一开始所说,美国人善于提出新的概念,那么,这些年来他们将一个科幻小说首先创造的词汇"网电空间"加以提升、扩大,加以"正规化",所为何来呢? 有什么本质的创新呢? 与他们一直以来提出的互联网、信息高速公路、C^3I、C^4I、C^4ISR、C^4IKSR、全球信息栅格 GIG、信息战、网络战、物联网、虚拟化、云计算等相比增加了什么本质的内容呢? 综合了哪些重要元素和系统呢? 还成立了"网电空间司令部",它与以前的网络战"司令部"等相比有何功能、职责上的根本改变吗? 多年前,汪成为院士在一次报告中建议,将 Cyberspace 译为"控域",这是否可视为以上问题的解答呢? 我不写微博,有赐教者,请发我电子邮箱:yang_qianli@ sina. cn,将不胜感激。

前　　言

按照术语严格定义来讲,网电空间(Cyberspace)目前并没有一个标准的精确定义,与其意义相近的一些术语有网络世界、网际空间、虚拟空间、数据空间、赛博空间、矩阵、数字领域、电子领域、信息球、虚拟现实、计算机网络、因特网等。网电空间一词最早出现于1982年,吉布森在1989年提出过一些非严谨的定义,如"网电空间是一种合法经营者以及每个国家教以数学概念的孩子们的一致的幻觉经历……""从银行的每个计算机系统中抽象出数据的图像表示……"如果从人产生的幻想环境看,空间意味着是多维的,并大多与基于计算机的电子空间相关联。因此,网电空间由最初的用于描述计算机虚拟世界,扩展到全球计算机网络,并进一步扩展到更广的系统。

网电空间一词是控制论(Cybernetics)和空间(Space)两个词组合而成,是一个真实和虚拟并存的虚拟现实空间,是哲学和计算机领域中的一个抽象概念。与陆、海、空、天领域一样,网电空间是由电磁频谱、电子系统以及网络化基础设施组成的领域。

网电空间不仅包括因特网,还包括并不直接与因特网相联的军用网络系统或其他系统。因此,网电空间已成为未来战争最重要的作战领域之一,对其研究与控制的主动权很有可能成为决定国家安全的战略因素。

本书共分为9章。第1章概括介绍了网电空间的基础。第2章介绍了网电空间的体系架构。第3章从互联网入手,介绍了网电空间的网络发展演进过程,并较详细地阐述了智慧城市的体系。第4章介绍了网电空间存在的信息安全威胁,对网电空间攻击和漏洞做了分析。第5章针对网电空间存在的安全威胁介绍了安全防御战略。第6章介绍了网络环境的安全,网络安全事故的类型和攻击类型,并针对这些攻击类型提出了网络安全的技术和非技术措施。还介绍了各种安全技术应对各种攻击类型的优缺点，信息安全保障技术。第7章介绍了态势感知的研究背景及现状，研究范畴和网电空间态势感知模型。第8章主要介绍了网电空间攻击法律。第9章主要介绍了网电空间在军事上的应用。

本书内容翔实，深入浅出，覆盖面广，具有先进性、科学性和实用价值，适合高等院校信息、电子、通信和计算机等专业师生与科研人员、工程技术人员参考，还可作为相关领域人员学习、了解网电空间的参考读物。

北京科技大学计算机与通信工程学院通信工程系的王建萍、陈月云、林福宏、安建伟、杜利平、刘倩和吴华怡老师和曾文璐、张思思、薛培培、谢萍、姚倩燕、王小玲、杨晟淞、史俊杰、王小玲、王亮洁、陈超、白如春、李泽韬、徐湘云等研究生参加了本书的编写工作，吴华怡老师进行了第一稿的统稿工作。在本书编写过程中，获得了北京科技大学研究生教育发展基金项目和教育部科学技术研究重大项目"基于智慧的下一代信息网络体系结构及关键技术研究（No. 311007）"的资助，同时得到了国防工业出版社和北京科技大学计算机与通信工程学院网电空间科学与技术研究所的大力支持、鼓励和帮助，参考或直接引用了国内外许多学者的论文文献和著作，在此一并表示衷心的感谢。

由于水平有限，再加上时间仓促，书中难免存在纰漏之处，恳请专家和读者批评指正。

编著者

目　　录

第1章　网电空间概述 ⋯⋯⋯⋯⋯⋯⋯⋯⋯⋯⋯⋯⋯⋯⋯⋯⋯ 1

1.1　网电空间的概念和发展 ⋯⋯⋯⋯⋯⋯⋯⋯⋯⋯⋯⋯⋯ 1

1.2　网电空间的意义 ⋯⋯⋯⋯⋯⋯⋯⋯⋯⋯⋯⋯⋯⋯⋯⋯ 4

1.3　网电空间的国内外研究现状 ⋯⋯⋯⋯⋯⋯⋯⋯⋯⋯⋯ 6

1.4　网电空间存在的几个问题 ⋯⋯⋯⋯⋯⋯⋯⋯⋯⋯⋯⋯ 8

1.4.1　网电空间和虚拟现实 ⋯⋯⋯⋯⋯⋯⋯⋯⋯⋯⋯ 8

1.4.2　网电空间的几个误区 ⋯⋯⋯⋯⋯⋯⋯⋯⋯⋯⋯ 10

1.4.3　网电空间安全 ⋯⋯⋯⋯⋯⋯⋯⋯⋯⋯⋯⋯⋯⋯ 11

1.4.4　网电空间知识产权和隐私权的法律问题 ⋯⋯⋯⋯ 13

1.5　美军对网电空间的研究 ⋯⋯⋯⋯⋯⋯⋯⋯⋯⋯⋯⋯⋯ 15

1.6　小结 ⋯⋯⋯⋯⋯⋯⋯⋯⋯⋯⋯⋯⋯⋯⋯⋯⋯⋯⋯⋯ 18

参考文献 ⋯⋯⋯⋯⋯⋯⋯⋯⋯⋯⋯⋯⋯⋯⋯⋯⋯⋯⋯⋯ 19

第2章　网电空间的体系架构 ⋯⋯⋯⋯⋯⋯⋯⋯⋯⋯⋯⋯⋯ 21

2.1　网电空间的体系架构 ⋯⋯⋯⋯⋯⋯⋯⋯⋯⋯⋯⋯⋯⋯ 21

2.2　虚拟技术和虚拟架构 ⋯⋯⋯⋯⋯⋯⋯⋯⋯⋯⋯⋯⋯⋯ 26

2.2.1　发展前景 ⋯⋯⋯⋯⋯⋯⋯⋯⋯⋯⋯⋯⋯⋯⋯⋯ 26

2.2.2　虚拟现实技术 ⋯⋯⋯⋯⋯⋯⋯⋯⋯⋯⋯⋯⋯⋯ 27

2.2.3　架构设计原则 ⋯⋯⋯⋯⋯⋯⋯⋯⋯⋯⋯⋯⋯⋯ 28

2.2.4　缺点和不足 ⋯⋯⋯⋯⋯⋯⋯⋯⋯⋯⋯⋯⋯⋯⋯ 30

2.2.5　虚拟架构的未来 ⋯⋯⋯⋯⋯⋯⋯⋯⋯⋯⋯⋯⋯ 31

2.3　数字化架构 ⋯⋯⋯⋯⋯⋯⋯⋯⋯⋯⋯⋯⋯⋯⋯⋯⋯⋯ 32

2.3.1　数字架构 ⋯⋯⋯⋯⋯⋯⋯⋯⋯⋯⋯⋯⋯⋯⋯⋯ 32

2.3.2　应用软件 ⋯⋯⋯⋯⋯⋯⋯⋯⋯⋯⋯⋯⋯⋯⋯⋯ 33

2.3.3　数字架构中的时空关系 ⋯⋯⋯⋯⋯⋯⋯⋯⋯⋯ 34

2.4　流畅型架构 ································· 35

　　2.4.1　流畅型架构介绍 ··················· 36

　　2.4.2　流畅型架构的表示形式 ··········· 36

　　2.4.3　流畅型架构的组成 ················· 37

2.5　虚拟架构体系的演变 ··················· 39

　　2.5.1　重要性质 ··························· 39

　　2.5.2　发展历史 ··························· 40

　　2.5.3　系统的生成 ························· 40

　　2.5.4　工具 ································· 41

　　2.5.5　演化模式 ··························· 42

2.6　小结 ····································· 43

　　参考文献 ································· 44

第3章　网络的演进 ························· 45

3.1　互联网的重要性 ······················· 45

3.2　互联网的发展历程 ····················· 46

　　3.2.1　互联网的起源 ····················· 46

　　3.2.2　万维网起源 ······················· 47

　　3.2.3　互联网上人数统计 ················· 48

　　3.2.4　网络带宽作用 ····················· 48

　　3.2.5　互联网协议起源 ··················· 49

　　3.2.6　智慧网络概览 ····················· 49

3.3　超文本概述 ··························· 56

　　3.3.1　网电空间的导览 ··················· 56

　　3.3.2　超文本的含义 ····················· 58

3.4　虚拟社区 ····························· 59

　　3.4.1　网电城市构想 ····················· 59

　　3.4.2　网电空间的软件建设 ··············· 59

　　3.4.3　多用户体验 ······················· 60

　　3.4.4　"人居"简介 ····················· 63

3.5　网电城市化 ··························· 66

　　3.5.1　虚拟城市 ························· 67

　　　3.5.2　数字城市 ·· 69

　　　3.5.3　智慧城市 ·· 70

　3.6　网电空间无处不在 ··· 72

　3.7　小结 ·· 74

　参考文献 ·· 74

第4章　网电空间信息安全威胁 ·························· 78

　4.1　网电空间攻击影响 ··· 78

　　　4.1.1　网电空间攻击起因 ································· 79

　　　4.1.2　可视化网络攻击 ···································· 81

　4.2　网电空间安全和保障 ····································· 81

　　　4.2.1　攻击保护、预防和先发制人 ·················· 82

　　　4.2.2　自主攻击检测、警告和响应 ·················· 83

　　　4.2.3　检测和消除内部威胁 ··························· 84

　4.3　网电空间攻击分析 ··· 84

　4.4　网电空间存在的安全漏洞 ······························ 87

　　　4.4.1　漏洞——图结构 ·································· 87

　　　4.4.2　图表类型的漏洞 ···································· 88

　　　4.4.3　网电空间攻击恢复时间常数 ·················· 89

　4.5　主动网电空间攻击模型 ·································· 89

　　　4.5.1　相关知识 ··· 90

　　　4.5.2　主动网电攻击模型 ································· 90

　　　4.5.3　网电空间攻击管理模型 ························ 92

　　　4.5.4　行为控制器和攻击损失评估器 ··············· 94

　4.6　小结 ·· 95

　参考文献 ·· 95

第5章　网电空间安全防御战略 ·························· 98

　5.1　网电空间安全防御面临的问题 ······················· 98

　5.2　网电空间的免疫系统 ····································· 99

　　　5.2.1　先天免疫系统 ······································ 99

　　　5.2.2　自适应免疫系统 ·································· 101

　5.3　安全防御的国家战略 ··································· 106

5.3.1 概述 ･･････････････････････････ 106

5.3.2 保障网电空间的国家战略 ･･･････････ 107

5.3.3 美国国防部和国土安全部防御策略 ･････ 110

5.3.4 网络事件的影响 ･･･････････････････ 113

5.3.5 友好征服 ･････････････････････････ 114

5.3.6 TCP/IP 安全 ･･････････････････････ 115

5.4 安全防御的实现 ･････････････････････････ 115

5.4.1 我们都是网电战士 ･････････････････ 116

5.4.2 成功是建立在平衡的基础上 ･････････ 116

5.4.3 有效平衡网络的安全和访问 ･････････ 116

5.5 安全防御的未来发展趋势 ･････････････････ 117

5.5.1 新技术 ･･･････････････････････････ 117

5.5.2 云计算 ･･･････････････････････････ 118

5.5.3 信息管理 ･････････････････････････ 119

5.5.4 国际合作 ･････････････････････････ 119

5.5.5 封闭式小区 ･･･････････････････････ 120

5.5.6 更多的预测 ･･･････････････････････ 120

5.5.7 智慧安全 ･････････････････････････ 121

5.6 小结 ･･････････････････････････････････ 122

参考文献 ･･････････････････････････････････････ 122

第6章 网电空间的安全管理 ･･･････････････････････ 124

6.1 网络环境的安全 ･････････････････････････ 124

6.1.1 网电空间的参与者 ･････････････････ 124

6.1.2 网络事故的类型 ･･･････････････････ 126

6.2 网电空间的攻击类型 ･････････････････････ 128

6.3 网络安全技术 ･･･････････････････････････ 129

6.3.1 网电空间安全的技术措施 ･･･････････ 129

6.3.2 网络安全技术的比较 ･･･････････････ 131

6.4 网电空间信息安全保障技术 ･･･････････････ 133

6.4.1 认证、授权和信任管理 ･････････････ 133

6.4.2 访问控制和权限管理 ･･･････････････ 135

    6.4.3 大规模网电态势感知 ·················· 137

    6.4.4 自主的攻击检测、警告和响应 ·········· 138

    6.4.5 内部威胁的检测和消除 ·············· 140

    6.4.6 检测隐藏的信息和隐蔽信息流 ········ 141

    6.4.7 恢复与重建 ······················ 142

    6.4.8 取证、追踪和归类 ················ 144

  6.5 小结 ·································· 146

  参考文献 ······························· 147

第7章 态势感知 ····························· 148

  7.1 态势感知概述 ·························· 148

  7.2 态势感知研究背景及现状 ················ 150

  7.3 态势感知的研究范畴 ···················· 153

  7.4 网电空间态势感知模型 ·················· 154

    7.4.1 态势感知参考模型 ················ 155

    7.4.2 态势感知过程模型 ················ 160

    7.4.3 态势可视化 ······················ 162

    7.4.4 网电空间领域应用 ················ 164

    7.4.5 性能和效力的衡量 ················ 165

  7.5 小结 ·································· 170

  参考文献 ······························· 170

第8章 网电空间法律维度 ···················· 173

  8.1 网电空间带来的机遇与挑战 ·············· 173

  8.2 现有管辖网电攻击的法律制度 ············ 175

    8.2.1 国际网电攻击法律的发展 ·········· 175

    8.2.2 国内网电攻击法律的发展 ·········· 179

  8.3 网电攻击法律的发展趋势 ················ 181

  8.4 小结 ·································· 181

  参考文献 ······························· 182

第9章 网电空间在军事上的应用 ············· 184

  9.1 网电空间领域 ·························· 184

    9.1.1 网电空间在军事上的定义 ·········· 185

9.1.2 网电空间"领域"的军事含义 ·················· 186

9.1.3 网电空间的互联性 ·························· 189

9.1.4 网电空间战场的国际认可 ·················· 190

9.2 网电空间战场 ································· 190

9.2.1 网电空间中的攻击 ························ 190

9.2.2 网电空间的物理基础设施 ·················· 192

9.2.3 网电空间的公私协作关系 ·················· 192

9.2.4 网电空间的作战武器 ······················ 193

9.2.5 网电空间的战术行动 ······················ 193

9.2.6 网电空间战场的漏洞 ······················ 194

9.2.7 网电攻击造成的影响 ······················ 195

9.3 美国空军与网电空间 ························· 195

9.3.1 美军一个全新的军种——网络部队 ·········· 196

9.3.2 美军成立新军种所遭遇的问题 ·············· 198

9.4 美军设立联合部队网络指挥官 ················ 199

9.5 小结 ·· 202

参考文献 ·· 202

第1章　网电空间概述

本章简要介绍网电空间(Cyberspace,网络电磁空间的简称)的基本概念、国内外研究发展现状及美军对网电空间的军事战略构想。尽管网电空间这个词早在 20 世纪就已经存在,同时在人类的许多研究领域也发挥着重要作用,但是实际上它所带来的相关内涵思想与理论却一直没有为人们所接受和重视。本章通过网电朋客(Cyberpunk)运动和美国科幻小说作家、网电空间之父威廉·吉布森(William Gibson)的描述来阐述网电空间的起源。

1.1　网电空间的概念和发展

网电空间(Cyberspace)一词是控制论(Cybernetics)和空间(Space)两个词的组合,是由居住在加拿大的科幻小说作家威廉·吉布森在 1982 年发表于杂志的短篇小说《融化的铬合金(Burning Chrome)》中首次创造出来,并在后来的小说《神经漫游者》中被普及。

目前对 Cyberspace 的叫法繁多,如网络世界(Cyberria)、网际空间(Cyburbia)、虚拟空间(Virtual world)、数据空间(Dataspace)、矩阵(The Matrix)、数字领域(The digital doman)、电子领域(The Electronic Realm)、信息球(The Information Sphere)、虚拟现实(Virtual Reality)、计算机网络(Computer Networking)、因特网(The Internet)、……但是确切意思是什么呢? 目前并没有一个确切的定义来描述它。

在《神经漫游者》中,吉布森对网电空间的定义是:它与"一个由计算机控制台控制的,有关计算机网络的,适于航行的和数字化的空间"相关;它是一种可视的、有色彩的、电子的、笛卡儿式的数据景观。

维基百科中对网电空间的解释是:网电空间是可以通过电子技术

1

和电磁能量调制来访问与开发电磁域空间,并借助此空间以实现更广泛的通信与控制能力。网电空间集结了大量的实体,包括传感器、信号、连接线、传输线、处理器、控制器,不在乎实际的地理位置,以通信与控制为目的,形成一个虚拟集成的世界。在现实中,网电空间构建了相互依赖的信息技术基础设施网络与电信传输网络,如因特网、计算机系统、综合传感器、系统控制网络、嵌入式处理器、通用控制器等。从社会的角度讲,可以通过网电空间实现思想的交流、信息的分享、服务的提供、活动的组织等。

美国一直是在该领域内处于研究的最前沿,即使是这样,对于网电空间的概念也没有达成最终的一致。美国总统国家安全令中对于网电空间给出的定义如下:"网电空间是一个相关联的信息技术基础设施的网络,包括互联网、电信网、计算机系统以及关键产业中的嵌入式处理器和控制器。通常在使用该术语时,也代表信息虚拟环境,以及人们之间的相互影响。"

在美军参联会 2006 年出台的《网电空间国家军事战略》中则认为,"网电空间是一个作战域,其特征是通过互连的、因特网上的信息系统和相关的基础设施,应用电子技术和电磁频谱产生、存储、修改、交换和利用数据"。

对于网电空间有很多可能的解释,但是网电空间到底是什么一直没有阐述清楚。但是可以找到网电空间的一些主要特点。

(1)它是一个虚拟的空间,像是一种精神状态,一个真实和虚拟并存的地方,因此根据定义它没有一个实际的物理位置。它好比是一种当人们被视觉或言语上的沟通所吸引的状态,如阅读、写作、观察和研究图片、观看视频或艺术品以及认真听音乐或演讲等。这样,网电空间可以看作是我们的原子世界的一个数字化补充。

(2)可以通过一些带有人工处理机制的物理接入设备来进入网电空间,如在网络上具有数字运算能力的接入设备。这些辅助设备可以看作是网电空间的边界,也可以说是进入网电空间的窗口。

(3)它使个人和群体之间进行互动和沟通,这种互动很大程度上独立于时间和空间。网电空间里面的事物因为完全独立于实际生活中的时间和空间概念,导致人们觉得这样的一种互动并不如现实般真实,总觉得缺少些许东西。这种相互作用与通常意义上所讲的不同,它可能稍微有点间接性、延迟时间或者间隔距离。

通常,计算机屏幕可以看作是物理接入设备。作为一个连接电子设备和现实生活的窗口,计算机屏幕把人类和硬件设备联系起来,创造了一个替代的现实,即虚拟空间。万维网(WWW)的迅猛发展,使得网电空间增加了越来越多的图片、声音与视频。可以断定,在不久的将来,这些连接会越来越真实,越来越能让人感觉到"身临其境",因此会越来越接近"虚拟现实"。最终,技术的发展会使最接近未来幻想的情景出现,虽然现在还只能存在于想象中。

网电空间有许多表现形式,下述列表简要概述了网电空间用到的在线活动表现形式:

(1) 电话交谈;

(2) 电子邮件(E - mail);

(3) 电话答录机;

(4) 新闻组和论坛;

(5) 邮件列表;

(6) 聊天室;

(7) 远程登录;

(8) 网站;

(9) 电子图书馆;

(10) 电子会议;

(11) 电话会议;

(12) 多用户域(MUD);

(13) 虚拟现实;

(14) 各种形式的互动电视,包括可视电话。

其他一些人们日常所熟知的网电空间的应用还有观看一部计费点播的电影、通过一个特殊的消费号码提交商品订单或游戏订阅或者是在自动取款机(ATM)上取钱等。

据此,我们可以认为,网电空间是指由因特网、电信网、传感器、武器平台、计算机系统及嵌入式处理器和控制器等各种信息技术基础设施网络构成的智慧电磁空间,是一个通过网络化系统及相关的物理基础设施,利用电子和电磁频谱存储、修改并交换数据的智慧电磁空间,具有时域、空域、频域和能域特征。

1.2 网电空间的意义

网电空间通过吉布森的书而流行起来。在将来它必然会对人类身份和文化产生重要的影响。人类学家 David Tmos 认为吉布森给人们传达了迄今为止最成熟和精细化的网电空间的人类学情景,即它的科技与经济方面,还有先进的后工业化时代形式的轮廓。从这个观点来看,吉布森的描述在以下三个方面具有重要的意义。

(1) 科幻小说被认为是一个可以使我们理解一个飞速发展的后工业化时代的文化的重要手段。它就像是一个通过现在来连接过去和未来的空间操作员。

(2) 它使我们能够理解先进信息科技有能够颠覆人类身体的感知结构的能力,这是通过在强大的计算机生成的数字化的空间中重新定格人体的有机边界而实现的。

(3) 先进的数字化技术。网电空间由于通过后工业化时代的人类学而概念化,可以作为一个后仪式化的理论和实践的测试平台。

一些作家争辩吉布森能成功地想象出网电空间并不是真为了突出某些技术发展的优点,而是因为他想描述一个新的吸引人的社交社区。对社会研究者 Allucquére Stone 而言,《神经漫游者》衍生出了黑客、技术上的学者和社会的敌对者。这本书提供给他们可以想象的公众范围和重新描述的社区,而这个社区能够推出一种新的社会相互作用的基础。在这种情况下,20 世纪 80 年代其他文学出版物中大量引用本书内容,部分内容还出现在了科技出版物、会议主题、硬件设计和科学与技术演讲中。

但是,网电空间是与虚拟现实、数据可视化、图像用户界面、网络、多媒体、高级制图学以及其他众多由计算机技术产业产生的词联系在一起的,所以说网电空间作为一个工程和概念,已经将这些离散的项目集中到一个目标上。它促使这个概念整合,并吸引了许多学科和企业。吉布森的描述对虚拟现实产生了巨大的影响,网电空间的研究者们已经在组建其研究结构。

网络日渐融入人们的社会生活之中,突破了时间和空间的限制,最大程度上方便着人们的思想和情感交流,以及对于信息与各种社会服务的获取,网电空间的出现则意味着在多层面、多维度上从现实的物理世界像吉布森小说中的"虚拟世界"扩展,它的重要性也越来越凸显了。

(1)网电空间对人们的社会生活有着重要的意义。

随着网络技术的发展,这种"虚拟世界"似乎慢慢变得实际起来,并且逐步涉入科学、艺术、商业甚至是军事之中。同时,在网电空间中,人们可以以一种更为大胆和开放的姿态介入到"虚拟世界"中,从而可以克服现实生活中因为各种因素而产生的畏惧和羞涩心理,进而可以根据自己的兴趣爱好,尊重内心想法来展现真实的自我。可以说,网电空间会成为人们生活的一个真正自由的场所,是一个能完成自我认同和自我塑造的完全开放的空间,从这方面来讲,网电空间对人们的社会生活有着重要的意义。

(2)网电空间对军事方面的意义。

从近年来网电攻击的战事来看,网电空间在军事方面有着巨大意义。2007年9月,在以色列空袭叙利亚的核设施的过程中,以色列空军凭靠美国的网电战装备"苏特"完全误导叙利亚的防空作战系统,一举摧毁核设施。"苏特"是美国网电信息战的计划之一,从以色列不费吹灰之力摧毁叙利亚核设施就可感到网电战在未来战场上有着举足轻重的地位。同年,爱沙尼亚政府和关键基础设施经历大规模网电攻击,网电攻击几乎关闭了波罗的海国家政府,这些国家广泛依赖在线交易和电子商务,从而造成巨大的损失,爱沙尼亚国防部前国防次长表示,网电攻击的成果之一就是它把网电战概念从国防、情报和网络安全专家研究的重点提升到引起国家政府决策者们的关注。2008年印度孟买发生的恐怖袭击也证实恐怖分子通过网电空间进行了协调合作。这些都显示出网电空间在军事战略、维护世界和平和反恐行动中的重要战略地位。随着网络信息技术、电磁传感技术等的不断发展及其在军事上的广泛应用,争夺网电空间早已被各国提上日程。毫无疑问,网电空间已经继陆、海、空、天成为未来战争的最重要作战领域之一,美军更是将是否主宰网电空间上升到影响国家安全的重要战略地位。因此,正确理解和科学翻译网电空间(Cyberspace)的含义,在军事战略上对于发展我国网电空间战能力具有十分重要的意义。

1.3 网电空间的国内外研究现状

在吉布森的小说中,网电空间依托于遍布全世界的网络和传感器而呈现出一个虚拟的世界,可以说,网络是它的一个载体。互联网诞生于美国,它的前身是1969年美国国防部高级研究计划局建立的人类历史上第一个计算机网络,即"阿帕网"(ARPAnet)。"阿帕网"表现出来的快速、便捷的优点,使得它很快由军事领域进入经济、文化、政治领域。

互联网技术的发展也带动着电信网、传感器等网络的快速发展,随着各种计算机设施、电信网等广泛应用于政府管理、商业服务、社会服务、军事行动等人类信息活动领域,并形成全球覆盖的网络,美国将吉布森小说中的"网电空间"更加形象具体地呈现在人们眼前。美国作为最早提出网电安全(Cyber Security)和网电空间战(Cyber War)的国家,在网电空间的研究方面一直走在世界各国的前面。早在1991年9月 Scientific American 出版的《通信、计算机和网络》专刊中就提出"怎样在网电空间内工作、娱乐和成长"。与此同时,在国家层面上,美国也出台各种网电空间文件,并且加大投入。美国国家安全54号总统令对网电空间的定义是:连接各种信息技术基础设施的网络,包括因特网、各种电信网、各种计算机系统及各类关键工业中的各种嵌入式处理器和控制器。在使用该术语时还应该涉及虚拟信息环境,以及人和人之间的相互影响。美国对于网电空间有着具有明确的战略定位,将网电空间安全作为美国的最高国策,早在2003年就提出了《确保网电空间安全的国家战略》。美国国土安全局负责网电安全项目研究与发展的项目经理提出当前网络和信息技术的脆弱性的唯一长远解决方案是开发出具有内嵌的安全性的下一代的网络和信息通信技术,从而从根本上解决现今面临的网电空间基础设施安全问题。2006年美军参联会提出的"网电空间国家军事战略"认为:"网电空间是一个作战域,其特征是使用电子装备和电磁环境，通过网络化的系统和相关物理基础设施，来对数据和信息进行存储、修改和交换"。2008年，美国空军临时网电作战司令部发布了战略文件《美国空军网电司令部战略构想》。2009年5月29日，美国总统奥巴马发表了题为"保护美国网电基础设施"的讲话，同日下午，白宫公布了《网电空间政策评估：确保可信和具有恢复能力的信息与通信基础设施》。2010年，美国国防部部长描述了该司令部的角色："防御对军队作战网络的攻击"。2011年5月16日，白宫、国务院、司法部、商务部、国土安全局和国防部等6个重要部门在白宫一同宣布了《网电空间国际策略》。美国网电作战司令部认为：未来的战争是在网电中作战的，因此网电的使命域关系到网络战、网络对抗、空间对抗、信息战、电子对抗、情报监视侦察、网络中心战、指挥控制等，包括空间卫星之间的对战。

除此之外，世界上其他国家，如俄罗斯、德国、法国、英国、日本和印度等也都将进行网电空间的相关研究。俄罗斯将网电战称为"第六代战争"，总统普京批准了《俄联邦信息安全学说》，组建了陆海空三军联合计算机应急分队。德国组建了网电战部队。法国为加强网电空间作战能力，成立新的信息系统安全局，专门负责预防和应对网电攻击。英国政府发布了《国家网电安全战略》，宣布成立网电安全办公室和网电安全行动中心。日本组建了一支主要由计算机专家组成的网电战部队。印度组建了陆海空三军联合计算机应急分队力争实现全军各网络系统联网。

从1994年互联网登陆中国，伴随国外的一些著作的翻译出版，如巴洛（John Peny Barlow）的《网电空间独立宣言》，西方网络技术知识在国内引起了巨大的影响，我国也开始对网电空间进行研究。Cyberspace最初被命名为"赛博空间"，近年来人们逐渐将"赛博空间"称为"网络空间""网电空间"等。国内也有学者将Cyberspace翻译为"控域"。目前，我国业内对Cyberspace的公认叫法为"网络电磁空间"，简称"网电空间"。除此之外，国内也从社会和哲学的角度对网电空间做了较多的研究。值得注意的是，随着网电空间在军事上日渐重要的地位，国家相关部门也加强了对于网电空间的研究，如针对美国网电空间战略文件进行深入分析和解读，这些对于我国的网电空间的发展都有着重要的借鉴意义。

1.4　网电空间存在的几个问题

1.4.1　网电空间和虚拟现实

吉布森的定义也可以被认为是对 Ivan Sutherland 的原创概念"终极显示"的小说版的转化,终极显示是一种特别的现实方式,它可以将在完全沉浸时的所有感觉信息都展示出来。Sutherland 是最早阐述虚拟现实(VR)的,1968 年在剑桥大学时,他发表了《头盔式的三围显示》一文,阐明了虚拟实验发展中的一个关键技术。这个系统使用了电视屏和一面镜子,这样可以在电视中看到周边环境。Sutherland 幻想有这样一个房间,有合适的程序下计算机可以控制它里面物质的存在。

NASA 和美国国家安全部的工作引领产生了空间探索的原型和一些军事应用。这些早期的虚拟现实应用特别适合于坦克和潜艇训练员,这个"真实"的体验可以使人们在低分辨率和望远镜中探索观察。15 年后,吉布森利用数学来探寻以期获得所有人类正在体验的感觉,并且拓展到去获得存在于人类系统中的所有有电子来源的整个领域的信息。

1989 年,"虚拟现实"一词由 Jaron Lanier 提出,他是第一个基于虚拟现实的公司 VPL Research 的创始人,他们试图涵盖所有的虚拟项目,当时很多研究者仍未明确区分网电空间和虚拟现实这两个词。

以下是对虚拟现实的解读。一个人可以通过电子序列或者自我代理,在现实时界里与其他任何数字的人一起居住在虚拟现实中,通过电子序列或者自我代理,所有的相互作用都能得到调节。虚拟现实不是模拟的环境,而是由电话、计算机图像和电视一起组成的一个新的空间。

今天的虚拟现实立足于实际的边缘。通过增加一副配有直接连接大脑的合适的镜片的视频监控器,用户的眼前将会形成立体的影像,这个影像通过计算机对大脑活动的响应而不断变化和调整。这就导致了虚拟现实的最重要的一个特性:完全沉浸。因此,用户会发现自己被一个稳定的三维世界所环绕。如果这个世界真实存在于他周围,那么,不论用户往哪里看,他的眼睛都在感知他看到的东西。Sherman 和 Judkins 把虚拟现实的关键特性描述为"虚拟现实的五个特性"。

(1)沉浸性。虚拟现实需要使用户深陷或者沉浸其中。

(2)交互性。在虚拟现实中,需要采用必要的技术以提供用户和计算机能够通过计算机接口而相互作用的能力。

(3)集约性。在虚拟现实中,用户需要一直关注众多来源中最重要的信息,同时对这个信息产生回应。

(4)透明性。虚拟现实应该使用一种清晰的、描述性的和启发性的方式来提供信息。

(5)直观性。虚拟现实应该能够简单地感觉到,而且应该以一种人性化的方式使用虚拟工具。

最重要的特征——沉浸性,可以用 Myron Krueger 所谓的"躲避测试"来检测:如果一个人即使知道石头不是真的,但是他仍然躲开了砸向他(或者她)的头的虚拟的石头,那么,这个世界就达到要求了。

这个虚拟的世界可以由下面三种方法中任何一种来产生:计算机在真实的时间里计算产生;由预先处理和存储产生或者是本来存在于现实中的其他某个地方再经过摄像转化为立体的数码形式。在后两种方法中,这个技术也被称作"远程视在"而不是虚拟现实。

除此之外,用户还可以佩戴立体声头载收话机,它可以将声音的感知发送到先前的视觉感知器上去。为了实现虚拟现实的第二个重要特征"交互性",需要戴上特殊的手套,甚至穿上全套的衣服,这样就会将额外的人体感觉增加到经验当中。这个设备会跟踪动作和位置的变化,并将其发送到计算机或者其他用户以表现出用户的形貌和动作。通过提供一个额外的反作用力形式到手套或者衣服,则用户就可以通过虚拟现实的重量、质地甚至是温度来感觉到虚拟现实的存在。这个物质方面的延伸使引入相互作用的动作到其他静态的虚拟世界成为可能。

基本上来说,科幻小说和富有创意的人们都在想象如同电视连续剧"星际迷航"当中的"全息甲板",下一个世纪或许甚至将神经连接器直接连接到人类的神经系统,如同吉布森的小说中提及到的。在此之前,有三个主要领域需要大力研究:感官知觉界面、硬件发展和 3D 图像显示。这个研究结果产生的范围可以被分离成四个类别。

（1）桌面系统。通过监控器的 3D 操控。

（2）部分浸入。通过携带如手套和 3D 眼睛之类的提高性能的监控器来操纵。

（3）完全融合系统。大脑传动装置,手套和全套衣服。

（4）环境系统。外部产生的 3D,但是没有或者很少的随身装备。

简而言之,虚拟现实最常用于模拟某些可信的现实,它是通过操纵使用电子和数字技术的直觉反馈装置实现的。它如同科技工具可以提供一个人与计算机之间更为亲切的界面。它模拟全部感觉数据的整体,以此来组成"真实的"体验。对虚拟现实的描述,人们对网电空间的精神状态和视觉画面产生疑问才是合乎逻辑的。尽管虚拟现实与网电空间同时产生,但是网电空间本身还是拓展超越了虚拟现实,包含了一个更为宽广的人类交往和相互影响的范围。当然,在网电空间中也存在虚拟现实,但是这个两个概念是不同的,就如同口头语言与收音机发出的声音是不同的一样。

1.4.2　网电空间的几个误区

1. 虚拟现实

一开始,人们很不恰当地把网电空间比作为"虚拟现实","虚拟现实"早已解释得很清晰明了,但当用这个词来描述网电空间本身的概念时,人们很快发现这并不成立。两者之间有着明显的区别:电子化的人际交往的整体表现形式是网电空间,而虚拟现实只是网电空间的众多研究分支之一。

2. 信息高速公路

"信息高速公路"形象地描述了全球骨干网,但是把它比喻为网电空间明显是不合理的。信息高速公路完全可以用来描述物理基础设施,这些设施构成了网络的标准和带宽,以及建立网电空间所需的连接。它完全不适合代表整个在线活动（Online Phenomena）的网电空间。

（1）就美国而言,信息高速公路像是为旅行而设计的宽阔的维护良好的道路,它的建造、所有权以及控制权都归(美国)联邦政府所有。网电空间则好比是一个覆盖了全世界的高速公路、街道、羊肠小道等组成的网络,它是由政府和私有企业投资建造的,但并不存在拥有权和控制权。

（2）信息高速公路的"旅行"通常都有确定的起点和确定的终点,并且是为了确定的目标。网电空间的"旅行"表现为几秒钟的延迟,它的目的地可以是任何东西,并且在抵达之前是不确定的、随机的。

（3）信息高速公路是数量有限的高宽带连接的一部分,这些连接只应用在重点城市之间。而网电空间的每个连接的大小和每个节点的大小都任意存在,并且都是可用的。

上述的最后一点只是一个笼统的比较,后面会详细介绍通过通信网(如互联网)传送数据时流量拥堵和速度限制这两个易混淆的概念,实际上速度几乎不成问题,真正的问题是带宽。

3. 电子前沿

用"电子前沿"来表述未来的技术不会永远适用。人们已经认识到并放弃了"电子前沿"这个概念。如今,存在着一个无法避免的事实,即曾经广阔的、未开发的网络领域已经成为了商业化的牺牲品,逐渐变得平庸。可以说,那些最初有关网电空间的经典类比也将很快成为历史。

4. 网电恐惧

为了描述网电空间的概念基础,我们必须要感谢吉布森以及无数的科幻小说家。然而,我们应该批评地接受他们的观点,因为消费市场不仅不断受到使"科学变为现实"的技术影响和演变,而且还充斥着令人恐惧的电子犯罪。

1.4.3　网电空间安全

由于网电空间不受时间和空间的限制,具有高度灵活性和广泛的开放互连性,从而使得网电空间也遭受着较大的安全威胁。目前,网电空间安全主要分为以下三大类。

1. 网电空间信息安全威胁

从最初的军事和科学研究的网络到现在,互联网已经发展到各种犯罪的温床,从简单的恶意代码植入(病毒、木马或蠕虫)到相对高级的黑客入侵,使得普通民众、间谍甚至是恐怖分子都能肆意入侵计算机系统,窃取机密信息。例如,可以通过互联网,对目标对象的网站进行入侵和攻击,从而获取重要的情报信息。据美国情报机构统计,在其获得的情报中, 约80%来源于公开信息,而其中又有近1/2来自互联网。美国国防部称,美国的军方专用网络与民用网络每天都要承受着大量的入侵试探和上百万次浏览统计,更加令人担忧的是,美国的某些敌对势力已经从美国及其工业伙伴和盟国的网络中获取了大量的机密资料,国家安全遭受巨大的威胁,这其中还包括武器卫星监测数据、武器设计图纸、战略和战术作战计划等。因此,美国网电空间司令甚至声称:组成国家和军力的每个环节能否有效运作,维护国土安全,网电空间是关键,国家安全必须受到保护。通常,网电空间遭受的此类攻击和互联网比较类似,主要分为两种:一是对信息有效性和完整性的破坏;二是对网络系统的入侵和攻击。

2. 网电空间恐怖主义威胁

通常,人们普遍认为的恐怖主义是实施者对非武装人员有组织地使用暴力或以暴力相威胁,通过将一定的对象置于恐怖之中来达到某种政治目的的行为。攻击的形式一般有绑架、暗杀、爆炸、空中劫持、扣押人质等,而网电空间的出现则使得这些攻击变得简单和更加有效,并且衍生出新的攻击手段。与此同时,随着攻击的软件工具功能日益强大和操作越来越简单,使得基于网电空间的恐怖袭击成本相对较低,所有的这一切攻击者只需要一台个人计算机和一个简单的电话连接就可以实现。攻击者并不需要购买传统进攻性武器,如枪和炸弹,只需要通过电话线和计算机来传播病毒,并且由于网电空间大大突破地理空间的限制,攻击者或许只需要轻轻按一下键盘,地球的另一端就发生一起恐怖袭击事件。通常,攻击者还会通过各种技术来消除自己在网电空间进行攻击留下的操作痕迹,这样一来,对于相关部门的调查也是非常困难的。

3. 网电空间军事战争威胁

试想在未来战场之上,敌方军机悄然突入我方领空,而之前毫无预警提示,防空系统亦毫无响应,或者是敌我双方对峙许久,突然敌方导弹来袭,没有像常规导弹一样巨大的爆炸声和地面爆炸,而是在高空闪光一现之后我军通信和作战指挥系统全部瘫痪……这就是未来网电空间战的真实写照,而前者描述的景象早就在 2007 年的以色列空袭叙利亚核设施中展现雏形,后者描述的主角则是现在各国都在研究的电磁脉冲炸弹。在高层大气中,投掷一枚电磁脉冲炸弹,瞬时的高能量电磁脉冲将使电路过载从而烧毁电子元器件。各种战时通信和指挥系统的运作都是以物理硬件为载体的,一旦电子元器件被烧毁,那么,它所承载的系统也会随着瘫痪。一枚电磁脉冲炸弹就能赢得一场战争,这就是网电空间所带来的不对称战争。任凭你的飞机和导弹如何先进,战时飞机不能起飞,导弹不能发射,也都变成了军事训练时的靶子。同时,在历次战争中的军事目标,如机场、电厂、供水系统、铁路、石油和天然气管道,对这些基础设施的破坏都有助于削弱一个国家,网电空间的出现使其不需要对这些基础设施进行实弹偷袭轰炸了,由于绝大部分都是依赖于计算机系统而正常工作,只需释放电磁脉冲即可令他们瘫痪。由此可见,网电空间战争可能不那么血腥,但是却极具破坏性。

1.4.4 网电空间知识产权和隐私权的法律问题

1. 网电空间的知识产权

知识产权是一个法律术语,是指行业产权和版权及相关权利。行业产权包括专利、商标、行业设计和地理标志的保护。它也包括对反不正当竞争实用模型的保护和对未披露信息的保护。商业秘密作为财产或资产的一种类型也受到保护,它们像物质或实际的财产一样有价值或更有价值。由于在现代经济中技术与创新作品的重要性,与物质资产相关的知识产权资产的价值增加了。知识产权由新的想法、最初的表达和与众不同的名称构成,它展现出产品的独特性和价值所在。

从知识产权向互联网上的迁移可以看出涉及到相关联每一种权利。在版权领域,大量的文学、电影、艺术作品,尤其是计算机程序,已经被转移到数字环境中。软件作为知识产权的一种形式,受到专利和版权法的保护,它是数字技术操作的基础。系统软件,包括实用程序和操作系统,使我们的计算机能够运行,同时,实用程序软件为我们提供了能使数字网络更加有用的项目。当一个合格的作品创造出来时版权就自动产生了,但它只能保护作品本身而不能保护作品背后的想法。这意味着,只有复制才算是侵犯版权。因此,如果你的竞争对手使用你的成功的电子商务网站背后的思想来独立开发一个非常类似的网站,那么,它的这种行为就不算侵犯你的版权。

知识产权界,包括电影和音乐创作者、软件开发人员、作者和出版商,都在探讨如何使自己的产品在网上发布,与此同时保护他们的权利和收回他们的投资。在一定程度上,以收费为基础的知识产权服务依赖于高效的管理,是否有可行、安全的方法,是否能保证消费者在网上支付的安全性和隐私性,都影响着消费者对于这些数字产品的态度。与此同时,知识产权法,因为大量的多边公约和国家相关法律的掺杂而变得复杂。这些约定对于国家法律影响也越来越大,随着网电空间的不断发展不仅要了解自己的约定标准,也要在双边或多边承诺下其他方面的约定标准和国际规定。

2. 网电空间的隐私权

互联网的快速发展已经使全世界公民的基本权利受到了挑战。随着计算机的普及、高宽带互联网接入、大数据仓库技术、匿名的网上言论、广泛普及的邮箱和高级软件工具的出现,使得公民的权力,特别是隐私权遭受着巨大的威胁。隐私权产生于 19 世纪自由民主主义的价值观,他们主要关心的是保护个人不被国家非法干扰。目前,通信网络的本质也是保护个人自主权不被潜在的私人或个体入侵。对抗政府、企业或个人未经允许的侵犯隐私是许多国家法律的一部分,并且在一些情况下,也是宪法的一部分。几乎所有的国家都拥有限制一定程度的隐私的法律,如税收通常要求传递收入信息。在一些国家中个人隐私或许与言论自由法相冲突,并且一些法律或许要求公开曝光一些在别的国家和文化中被认为是隐私的信息。

网际空间也许是世界上第一个真正的大众传播媒体,因为它允许任何拥有简单工具的人立刻与成千上万的人交流思想。然而,这里也处处充满着隐私被侵害的威胁,也许是你不好的上网习惯(如忘记注销用户导致信息泄露),也许是你遭受恶意代码植入(如不小心点开网站中了木马），也许是有黑客入侵你的系统，这些都会造成个人隐私权的侵害，损失可能不仅仅是金钱财富，更可怕的是你的个人信息被泄露，好比自己在公共场合被脱光了衣服，更为恶劣的是有恶意攻击者冒用你的身份做些非法的事。所以说网电空间是一个社会组织和公民参与的工具，我们在享受它所带来的便捷之时不要去恶意侵犯他人的隐私权，也要保护好自己的隐私权。

1.5　美军对网电空间的研究

21 世纪的战争将越来越依赖于网电空间。网电空间安全是商业、关键基础设施甚至是国家安全不断发展的基础。国家关键基础设施的防护，将越来越依赖于有效的网电空间行动和网络技术的应用。革命性的技术出现使得网电空间能力大幅提升，并使其产生了对作战前所未有的影响。夺取网电空间优势是陆、海、空、天作战行动顺利实施的关键保证。美军认为，网电空间是 21 世纪指挥与控制部队的基本依托，美军为抢占这一空间，谋求这一空间的霸权，为维持和加强其全球军事霸主地位，一直注重对于网电空间的研究，并且在世界上处于遥遥领先的地位。总体来讲，美国对于网电空间的研究从以下几方面展开。

1. 出台网电空间相关重要政策文件，保证网电研究的顺利进行

早在布什执政期间，"911"事件给美国政府带来的影响不仅仅局限于政治、经济等方面，更让布什政府意识到美国计算机网络的脆弱性，从而可能使美国的关键基础设施和信息系统的安全面临严重威胁。美国于 2003 年 2 月 14 日公布了《确保网电空间安全的国家战略》报告，该报告是美国在网电安全方面专门出台的第一份国家层面的战略级文件，既凸显了布什政府对美国网电空间安全的担心和重视，也显示美国在新世界为确保网电空间的霸权战略目标，必将对美国未来的国家安全战略指导思想、网电安全管理机制产生深远的影响。

2006 年 12 月，美国参谋长联席会议起草了《网电空间行动国家军事战略》，初步给出网电空间的基本概念："网电空间是指利用电子学和电磁频谱，经由网络化系统和相关物理基础设施进行数据存储、处理和交换的域。"确定了在实施保障美国信息安全的行动时的战略优先方向。

2008年美国出台了《美国空军网电司令部战略构想》，战略构想是美空军网络空间司令部组建初期大量工作的基础。该构想阐述了网络空间司令部在美国当前战略环境中承担的任务是组建训练有素和装备精良的作战力量，实施电磁频谱领域的持续作战行动，并确保这一行动与全球空中和空间军事行动实现全面一体化。同时将能力、系统以及作战人员进行综合集成，从而获取跨域权的动态性作战。通过提供在空中、空间以及网络空间等各个领域的灵活、高速、射程、载荷、精确和持续等能力，实现"全球警戒""全球到达""全球力量"，进而达到更快速的全球打击效果。战略构想还说明了美国空军网络空间司令部如何培养21世纪网络空间作战人员，以及作战人员如何通过控制网络空间来为国家提供主宰权，从而维护美国国家安全。

在2010年2月出台的《美国陆军网电空间作战概念能力规划2016—2028》则是明确提出了网电空间的基本构建，首次完整、系统地对网电空间及网电行动的理论体系进行了详细的阐述。网电空间是与陆、海、空、天并列的第五大领域，由许多不同的信息节点和网络（互联网、电信网、计算机系统、传感器节点等）组成，并且总体上将网电空间划分为三个层次，即物理层、逻辑层和社会层，以及五个组成部分，即地理位置、物理网络、逻辑网络、自然人和网电人。从目前美军对于网电空间的研究现状而言，该报告对网电空间相关理论的阐述是最为合理和系统的，对于指导美军网电空间的建设有着指导性的作用。

2. 注重网电战的实战性军事演练，发现自身弱点同时积累网电战经验

自2001年至2010年，美国先后共进行了六次"施里弗（Schriever）"太空作战演习。主要目的是研究探讨在太空领域与网电空间中所遇到的关键问题，为未来的军事寻求提供有用信息，同时研究美国军队对太空战时系统和网电空间能力的紧急需求，并且讨论未来保护太空与网电空间领域的具体手段。"施里弗"军演的名字是为了纪念退役的伯纳德·施里弗将军，他深入探查了太空与网电空间的关键问题，并研究了军方对太空系统和网电空间能力的紧急需求。

在 2006 年、2008 年和 2010 年美国国土安全部牵头共举行了三次名为"网电风暴（Cyber Storm）"的演习，与 2006 年和 2008 年的"网电风暴Ⅰ"和"网电风暴Ⅱ"演习相比，2010 年的"网电风暴Ⅲ"演习又有一些新的特点，这次演习模拟了"一些关键基础设施遭受大型网络攻击"的情景，比起前两次演习只涉及能源、运输、银行、通信等行业，涵盖面更广，多达 1500 起以上的模拟事件的选定也更复杂。旨在检验包括电力、水源和银行在内的重要部门遭遇大规模网络攻击时的跨部门协同应对能力，以及考验各部门的紧急反应和复原能力。

2010 年 10 月 15 日，美国巴克利空军基地第 460 太空联队在周密计划的、竞争逐步升级的网电环境下，完成了首次独立的聚焦网电演习：网电闪电演习（Cyber Lightning Exercise），其主要目的是测试美空军第 460 太空联队在遭受敌方网电攻击时的运行能力。太空联队在这次军事演习中，充分锻炼了在所有常规通信工具和流程失效的情况下，怎样确保继续指挥控制联队的能力。同时，在演习的多个节点上，受到攻击时，都弃用了这些工具（如电子邮件、聊天室和基地无线电站），从而迫使联队开发并执行备份通信设备和操作程序，应急反应能力得到检验。

3. 加强网电装备的建设，保持网电战时的对敌优势

从目前网络上的媒体报道来看，美国军方研制的网电武器装备多为电子战、网络战的攻击武器装备，或者是相应的综合集成与改进型武器装备。现阶段美军正在致力研制更新意义上更有威慑力的网电武器装备。

（1）大力发展病毒武器。病毒武器往往集木马、蠕虫、逻辑炸弹等多种破坏性程序的特点于一身，一旦施放，轻则造成敌国网络瘫痪，重则造成金融混乱、交通失事、大范围停电停水和通信中断等危及国家安全的重大事故。据报道，美国现在有 2000 多种病毒武器。

（2）在物理攻击方面，研制成功了电磁脉冲弹、卫星动能武器和次声波武器等能直接烧毁电子元器件或者直接摧毁实体的高科技武器。

（3）已经研制出"苏特（Suter）"系统。从 2000 年到 2008 年"苏特"系统已经发展到了第五代，从"苏特 1"到"苏特 3"的能力来看，其攻击方式与常见的黑客攻击比较相似，不同的是，"苏特"采用的是无线注入的方式，而"苏特 5"则经过升级能够提供战术级别战场空间及时相干视图，同步针对移动或者联网的敌方系统进行动态和非动态以及 ISR 作战，是完全服务于美国空军的网电空间战概念。

（4）已经研制出"网电飞行器（CyberCraft）"和下一代干扰机（NGJ）。它们能对敌方战时防空系统或者通信指挥系统进行精准地打击和干扰，它们能从网络平台发射，能在平台内嵌入控制指令，向敌方系统无线注入恶意代码（蠕虫、木马、病毒等），能通过网络进行远程控制，并且还能经过验正后自我毁灭，能不留痕迹地执行任务。

（5）积极开展国家网电靶场（NCR）的建设工作。该靶场将为美国防部模拟真实的网电攻防作战提供虚拟环境，针对敌方电子攻击和网络攻击等电子作战手段进行试验。主要承担以下具体任务：在网络环境中进行公正的定量、定性的信息保障能力与生存工具的评估；对战时系统和网络以及用户进行逼真模拟；在同一基础设施上，同时进行多个独立的试验；能够对互联网和"全球信息栅格（GIG）"等大规模网络进行有效测试；开发并部署革命性的网络测试；通过使用科学方法对网络进行严格测试。

1.6 小 结

在本章中，通过对网电空间的起源和概念的详细阐述，以及后续概念的发展和演变，让读者能够对于这一比较抽象概念能有具体的理解，并且进一步提出了开展网电空间研究的重要意义，同时对于网电空间国内外的发展状况做了比较完整的描述，其中重点详细介绍了美国在网电空间方面的研究状况；然后，针对于网电空间所存在的一些问题从几个误区、安全威胁和所涉及的法律问题这些方面也做了比较系统的介绍；最后，对于美国在军事方面对网电空间研究从政策文件、军事演练和网电装备三方面做了比较详细的介绍。通过对相关资料的整理，让读者在整体上能够对网电空间有一个比较完整的理解。

参 考 文 献

[1] Thill S. March 17, 1948: William Gibson, Father of Cyberspace [J/OL]. http://www.wired.com/2011/03/0317cyberspace – author – william – gibson – born.

[2] Gibson W. 神经漫游者[M]. Denovo, 译. 南京:江苏文艺出版社, 2013.

[3] Sala L, Barlow J P, Bricken W, et al. Virtual Reality: De Metafysische Kermisattractie: Magische Spiegel Van De Hyper – Cyber – Age ziel[M]. Sala Communications, 1990.

[4] White House. Cyberspace Policy Review: Assuring a Trusted and Resilient Information and Communications Infrastructure[J]. Washington, DC: The White House Retrieved September, 2009, 3.

[5] 李耐和. 赛博行动的理论与技术[J]. 国际电子战, 2009, 11(105): 30 – 35.

[6] 方剑. 赛博空间的挑战与机遇[J]. 国际电子战, 2009, 11(105): 22 – 24.

[7] Arquilla J, Ronfeldt D. Cyberwar is Coming! [J]. Comparative Strategy, 1993, 12(2): 141 – 165.

[8] Kapor M. Civil Liberties in Cyberspace[J]. Scientific American, 1991, 265(3): 158 – 164.

[9] Maughan D. The Need for a National Cybersecurity Research and Development Agenda[J]. Communications of the ACM, 2010, 53(2): 29 – 31.

[10] Command A F C. Air Force Cyber Command Strategic Vision[R]. United States Air Force, 2008: 12 – 13.

[11] Sanger D E, Markoff J. Obama Outlines Coordinated Cyber – security Plan[N]. The New York Times, 2009: A10.

[12] Information Security Media Group. Gates Defines Military Cyber Command's Role[R]. Govlnfo Security Com, 2010.

[13] 于文震. 网络空间 (Cyberspace) 及其认识[J]. 现代雷达, 2010 (8): 1 – 7.

[14] 芮平亮, 王芳. 网络电磁空间防御作战能力需求分析[J]. 指挥信息系统与技术, 2011, 2(1): 1 – 5.

[15] 汪成为. 控域助力网络演进[J]. 中国教育网络, 2010,(2 – 3):31 – 32.

[16] 陈秋珠. 赛博空间的人际交往[D]. 长春:吉林大学, 2006.

[17] 刘丹鹤. 赛博空间与网际互动——从网络技术到人的生活世界 [D]. 上海:复旦大学, 2004.

19

［18］闫华峰．赛博空间社会建构及其文化再生产［D］．哈尔滨：哈尔滨工业大学，2010.

［19］贾磊．网络空间人际交流的语言特色［D］．济南：山东师范大学，2000.

［20］Woolley B. Virtual worlds：A journey in Hype and Hyperreality［M］．E Rutherford：Penguin Books，1993.

［21］叶征，赵宝献．网络战作为信息时代战略战已成为顶级作战形式［EB/OL］．http：// mil. news. sina. cn/2011 - 6 - 03/0941650375. html.

［22］Terrorism［EB/OL］．［2014 - 07 - 24］http：//en. wikipedia. org/wiki/ Terrorism.

［23］Geographical Indications［EB/OL］http：//www. 1000ventures. com/business _guide / ipr/ geo_indications_main. html.

［24］Senior Airman Erica Picariello. Cyber Airmen Train with Mobile Satellite Operators［R］. Schriever Air Force Base，2010 - 10 - 07.

［25］460th Space Wing Public Affairs. Panthers Wrap up First Ever Cyber Lightning Exercise［R］. Buckley AFB，2010 - 10 - 28.

［26］李大光．美军已研制出2000多种计算机病毒武器［EB/OL］．http：//news. qq. com/a/ 20090603/000266. htm.

［27］what is Suter?［EB/OL］．http：//www. 1913intel. com/2007/10/05/what - is - suter/

［28］Suter［EB/OL］．http：//en. wikipedia. org/wiki/Suter_（computer_program）

［29］Karrels D. White Paper：CyberCraft C3 Architecture［R］. Technical report，Air Force Institute of Technology，2008. http：//www. bunchonoobs. com/Karrels% 20 - % 20Specialty% 20Exam% 20Proposal.

20

第2章 网电空间的体系架构

本章提出作者对网电空间的体系架构的理解,然后通过对虚拟架构的研究,帮助读者更形象地理解网电空间的体系架构。基于网电空间与传统空间的不同,其整体体系架构的研究也给我们带来了很大的挑战,而虚拟架构的整体结构是放置在一定理论框架之内的,这和构建网电空间的体系原理是一致的。我们可以通过对虚拟架构的研究,来更加形象地理解网电空间的体系架构。一般地,这些关于整体结构的观点都代表着某一理论。事实上,理论上一些电子科技领域方面开始显现的困难已经约束了评估的相关条件。但与此同时,其他的一些作者却在研究与原有的基本无关的结构。相反地,这些研究人员尝试注入一些新的概念,这在很大程度上受翻译成数字形式的生物和物理的影响。本章将会提到一些新的概念。

2.1 网电空间的体系架构

网电空间是与传统空间并行存在的第五维空间,同时具有时域、空域、频域、智慧域和能域特征,是由无数参与的网络相互联系的一个智慧电磁空间。网电空间可以覆盖到网络和电磁设备所存在的任何领域。在网电空间中,位于传统空间中的各类信息技术基础设施通过电磁频谱,电子和网络与网电空间进行智慧交互,从而生成和使用网电空间的知识与智慧。网电空间和传统空间的关系如图2.1所示。

组成网电空间的不再是传统空间中的一个个节点(Node),而是一个个的智慧网络和电磁基础设施。为了区别传统空间中的节点,我们称网电空间的节点为智慧网电空间节点(Wisdom Cyber Node)。网电空间是一种为传统空间中的用户提供基于智慧服务的一种理想空间,

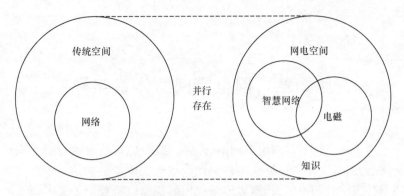

图 2.1　网电空间和传统空间的关系

达到学术研究、技术开发、设备生产、网络运营和政策制定的高度统一。网电空间的节点的作用如下。

（1）节点不再仅仅处理有限精确的事项,而是有效地运用自身的知识不断地超越界限。

（2）节点运用技术改变网电空间。

（3）节点不再是程序性地逐条执行当前操作,而是立足于短期和长期目标,从全局考虑操作的方式及方法,也就是总体上看待网电空间。

网电空间可以对当前的传统空间进行认知,它能够对当前空间环境进行细致观察,获取有用的信息,然后正确地分析和理解这些信息,找到正确的决策来调整网络和电磁设备的配置,以及预见未来空间环境的变化,从而灵活地适应空间环境的变化和恰当应对空间环境的变化。同时,网电空间具有从变化中学习与预见的能力,从而做出理性的决策,并及时实施这个决策,以使自己能敏捷地操作及灵活地应变。

网电空间的智慧表现在以下几方面。

（1）在处理事件时,总能选出最好的策略,并用以正确规划、判决和处理空间中的各种行为,达到支持普适服务,并保障网络和电磁设备的安全、可控、可管的能力。

（2）自己能意识到不足,能悟出新的或潜在的用户需求并加以实现或为实现做准备。

（3）通过动态的学习反馈机制等从外在提高智慧。此外,基于智

22

慧的网电空间应能在信息传送过程中自动识别信息安全级别,进行信息加密,这样就保证了信息的绝对安全,同时还能识别垃圾信息,自动清理优化信息,从而杜绝不良信息的传播。

网电空间的结构分三大层,从下往上分别为物理层、协同处理层和智慧交互层。其中,物理层由接入的网络和电子电磁设备所组成,包含网络及电子电磁设备所存在的时域、空域、频域以及能域特性,涉及物理位置、频谱信息以及能量状态等方方面面。网络及电子电磁设备涵盖因特网、电信网、传感器、武器平台、计算机系统及嵌入式处理器和控制器等各种信息技术基础设施。协同处理层包括查询管理层、存储管理层、智慧转换管理层,对网络及电子电磁设备进行智慧管理。而智慧交互层注重的是认知和决策方面的知识,还包括网电空间中的虚拟参与者以及网电空间中的自然人。其结构如图2.2和图2.3所示。

网电空间的体系结构如图2.3所示,分三大层,从下到上分别为物理层、协同处理层和智慧交互层。

物理层是由因特网、电信网、传感器、武器平台、计算机系统及嵌入式处理器和控制器等各种信息技术基础设施所组成,实现信息的获取。网电空间内的信息与电子基础设施通过这一层实现互连互通和信息的交互获取。

协同处理层可以实现信息的利用,包括查询管理层、储存管理层和智慧转换管理层。从物理层获取信息后,生成网电空间知识,并将知识储存在这一层上。网电空间内的智慧节点可以通过这一层进行知识的查询和分享。知识的多少不仅仅由物理层的信息量所决定,还取决于知识所在节点的其他能力。

随着网电空间的发展,针对网电空间的安全威胁也越来越大,网电空间需要采取多种手段对协同处理层进行保护,保证信息和知识的可靠性、完整性和机密性,从而保证整个网电空间的安全。

智慧交互层是整个网电空间的“大脑”,可以实现网电空间的认知、预测和决策,还可供虚拟参与者和自然人在该层进行智慧交互。该层可以智慧地感知网电空间,从而正确规划、判决和处理空间中的各种行为,保障网络和电磁设备的安全、可控、可管。

在网电空间的体系架构基础上,网电空间可提供如下安全服务。

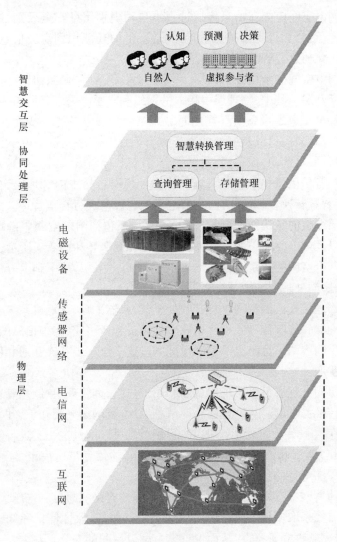

图 2.2　网电空间的结构

（1）网电空间信息的机密性保护。信息机密性保护是网电空间安全的最基本要求,它能够防止非法实体窃取、利用信息。通过采用加密算法来保证信息的机密性保护。网电空间版权保护、隐私权保护、匿名通信等都需要机密性保护。

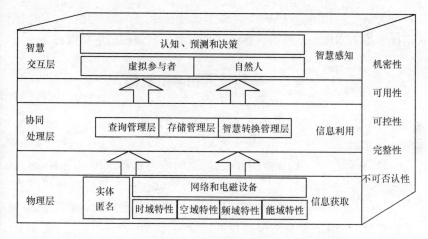

图 2.3　网电空间体系架构

（2）网电空间信息的可用性保护。网电空间信息的可用性保护是指合法智慧网电空间节点能够随时访问并按个性化需求使用网电空间的特征。可用性是网电空间信息资源服务功能和性能可靠性的总体要求，是网电空间面向用户的基本安全性能，设计物理基础设施、网络、电磁空间、系统、电子空间和用户等多方面的复杂因素。

（3）网电空间信息的可控性保护。网电空间能够对网电空间中的信息传播、获取、存储、差错控制、处理及信息的内容具有超强的控制能力。安全可控性是指网电空间上的信息和信息系统实施安全可靠监控，进而预测网电空间的状态，智慧网电空间节点及时采取最优安全策略应对安全威胁。网电空间可控性保护包括访问控制、差错控制、安全路由控制、安全流量控制等方面，控制的主要目标为了提高网电空间的安全性能，保障网电空间的安全，提高网电空间的可用性。

（4）网电空间信息的完整性保护。主要确保智慧网电空间节点所需的信息是否完整，信息的来源是否真实，信息的内容是否被添加、删除、伪造、重放、插入、替换等非法操作。信息的完整性是一种面向信息的安全性保护，它确保信息的安全生成、传输、存储等。一般可以通过哈希函数、信息认证码等安全措施来保证网电空间信息的完整性保护。

（5）网电空间的不可否认性。不可否认性又称不可抵赖性，即防止网电空间用户在事后抵赖曾经对信息进行生成、签发、接收等行为。

25

不可否认性可以通过公证技术、安全审计技术、数字签名技术、安全标记技术等来实现。不可否认性是实现网电空间追踪的主要措施之一。

2.2 虚拟技术和虚拟架构

为了深刻理解网电空间的体系架构,我们将对虚拟技术和虚拟架构进行介绍。

目前,程序员仍然在使用死板、静态的传统元素,像窗口标杆、垂直墙壁、水平地板和圆柱等。与此同时,架构软件可在其他领域提供更多、更好的设施,如工业设计和机械工程的方案方面。人们发现了这些可能性,便不遗余力地使用这些可用空间,这样会将结构变得更加复杂,而与之相关的组成和计算就更加复杂,所以就只能通过计算机来控制。

自文艺复兴至今,通过绘制草图实现设计已经成为比较标准的方法。而使用计算机辅助的一些设计工具使得人们能更有效地控制设计,与此同时,还可以输入大量的相关信息。所以这些方案就可以为设计师提供一种三维的、快速精确的媒介,同时还可以方便地改组和重新定义设计的自然属性。

现今,虚拟技术将成为下一个进化的里程碑。没有二维界面中诸如鼠标、键盘和监视器等设备,在虚拟范围之内,架构师可以用更直观的方式来设计。与虚拟"程序规格"的概念相反,虚拟技术可以为三维模型的制作提供一种新的、快速的、可控制的、精确的工具。这样,概念上的构想便可以转移到虚拟空间中来,而且以任何的角度或在任何的环境中,这个构想都是可行的。

如前所述,在三维环境下网电空间的设计活动是靠虚拟空间实现的,而对于全世界而言虚拟架构是最有可能实现的。当这些虚拟架构完全实现时,这些甚至可以取代很多今天我们所已知的设计。

2.2.1 发展前景

尽管虚拟架构的许多概念都来自于传统的设计经验,但是它也说明了虚拟领域具有完全不同的特点。虚拟环境可以看成一个普遍的空间而不是一个特定地方。但是,这些作者也认为,虚拟服务器将会成为推动信息交换的最终力量,进而推动社会发展。值得注意的是,人们容易忽略西方的消费者和以娱乐为基础的工商业,而这些很有可能将会成为虚拟基础设施的发展平台。

我们可以得出结论,要理解社会物质形态的表达,首先就需要适应这种表达方式,如电子虚拟社会。随着社会中物质世界的发展,虚拟社区也有相似的需求,甚至更多。一个"新"的"高期望"的架构,最终将进入一个全新的领域,并开发一个关于虚拟架构的相应行业。

2.2.2 虚拟现实技术

虚拟现实中的"现实"是泛指在物理意义上或功能意义上存在于世界上的任何事物或环境,它可以是实际上可实现的,也可以是难以实现的或根本无法实现的。"虚拟"是指用计算机生成的意思。因此,虚拟现实是指用计算机生成的一种特殊环境,人可以通过使用各种特殊装置将自己"投射"到这个环境中,并操作、控制环境,实现特殊的目的,即人是这种环境的主宰。

随着网电的连接变得和人们所处的位置一样重要,人类的生活环境已经彻底改变。在这个虚拟的领域内,有些人只关心他们自己这一时代的架构形式和物质,但随着电子和网络的发展,可用的电子应用程序最终将成为虚拟城市设计。

新城市的设计不是通过建筑、街道和公共空间的配置来满足人们对城市的需要,而是通过写计算机代码并配置软件创造虚拟的地方来实现的。在这些地方,可以进行社会交往,执行经济交易,展现文化生活,颁布监视法律,而电力也将发挥更大的作用。

1. 网电空间

虚拟现实技术最主要就是应用于网电空间。一个空间有有形和无形两个部分。有形的部分由物质实体构成,无形的部分则是空的,是由物质实体分割出来的。例如,一间房间,它的可利用的空间的体积,即无形体积,是由上下四围的墙的有形体积割划出来的。但是网电空间却不属于这样一种空间。我们为了得到电子信息而在网上查询,空间上,我们知道面对着有形的计算机屏幕,但我们不能进入屏幕内部,将信息内容的无形未知部分当作我自己所处空间的延伸去探索。所以，在考虑虚拟架构时，不应该考虑实际的城市设计和虚拟架构之间的联系。

美国著名航空战略家威廉·米切尔曾指出，21世纪设计者和规划者的任务在于组建一个世界范围的网电，在这个范围内到处都是电子环境，而且大部分的虚拟产品都将具有通信的能力。也就是说，人们将进入一个电子世界，而这个电子世界将使人类得以生存这么久的农业和工业更加成功。

但是米切尔提出的进化方式是很漫长的，因为这种高密度的、超越国界的居住地是史无前例的。架构师应根据虚拟聚会的地点和娱乐场所做出相应的设计。而且，正如架构师所预见的，为了满足许多传统社会服务机构的需求，规划师必须为其建立相应的接口。

2. 虚拟社区

虚拟社区又称为电子社区（Electronic Community），是社区在虚拟世界的对应物，也是虚拟现实技术的重要产物。虚拟社区与现实社区一样，也包含了一定的场所、一定的人群、相应的组织、社区成员参与和一些相同的兴趣、文化等特质。而最重要的一点是，虚拟社区与现实社区一样，提供各种交流信息的手段，如讨论、通信、聊天等，使社区居民得以互动。不过，它具有自己独特的属性。

首先，虚拟社区的交往具有超时空性，人们之间的交流不受地域的限制。其次，人际互动具有匿名性和彻底的符号性。再次，人际关系较为松散，社区群体流动频繁。最后，自由、平等、民主、自治和共享是虚拟社区的基本准则。

虚拟社区通过以计算机、移动电话等高科技通信技术为媒介的沟通得以存在，从而排除了现实社区，而且虚拟社区的互动具有群聚性，从而排除了两两互动的网络服务。此外，社区成员进入虚拟社区后，就能够感受到其他成员的存在，这是和现实社区最大的不同。

2.2.3　架构设计原则

网电空间的大门已经打开，我们相信有见地的架构师都会参与其中。网电空间同样也需要策划和组织，而设计这些网电空间的人就叫做网电空间架构师。架构师利用计算机通过编程和对图形的抽象设计等来设计网电空间架构,这些架构都比较复杂,具有各自的功能,而且都是独一无二的。下面介绍网电空间在设计上有哪些原则和约束条件。

1. 原则

泰勒马克认为,首先网电空间的架构必然是超文本的,他指出网电空间架构的实践和电子技术理论的潜在重要性并不明显,这个理论已由罗伯特·文丘里和丹尼斯·斯科特布朗在其著作《从拉斯维加斯学习》中证明了。他还进一步指出,事实上,网电空间架构是美学原则和现代哲学的延伸。所以,当网电空间出现时,一种新的架构也随之产生,而许多人也都在关注出现的这种新兴技术的未来。他们认为,从物理世界看架构师是不同的,但是虚拟设计却需要传统三维设计的专业知识。这样,某些设计的基本经验就不可避免地会保留下来,就像戴夫·坎贝尔相信像节奏、规模、平衡、统一这些外形特点也是虚拟设计的一部分,而在虚拟环境中,一些如行为原则、找方法的原则、领域性方面的重要经验等也只是很少的一部分,可以作为理解网电空间架构的基础方法。

2. 约束条件

在人工背景引入之前,网电空间几乎都是空白的。在此之前,网电空间基本上就是什么都没有,甚至是无法用语言表达出来的。但是我们会提出疑问,当空间是无限的时候,三维空间要怎样设计才能发挥其作用,这些所谓的网电空间架构师怎样设计的。

在物理空间中,物与人的存在都与其周围有关。但在网电空间中,尽管三维的物体不占用空间,而与其他物体都没有关系,而且是出现在抽象的电子项目中的,这样看起来就像与虚拟环境也无关。然而,实际上,物理空间中的约束条件在网电空间中也是存在的。

例如,当传统空间中的砖成为网电空间架构中的像素时,空间的结构就转变为信息。此时,城市规划相应地成为数据结构的设计,施工成本成为计算成本,可访问性成为遗传性,数量上的链接成为可用带宽要求,一切都在变化,但空间结构仍然没有变。

所以,事实上,在虚拟范围内还是有约束的,只是和物理范围上的约束不一样。多边形限制(构建虚拟世界)、带宽、磁盘空间以及存储空间的限制都会成为网电空间架构师在设计时的考虑。而这些虚拟空间上的问题需要相对独立的办法来解决。对于坎贝尔来说,在计算机环境下,功能的隐私性和相对独立性是在忽略其他特性的基础之上建立的。而引入的这些网电空间的设计原则将在下一部分展开。

2.2.4 缺点和不足

虚拟领域不能成为空间思维领域的新的"前沿",而且这一研究将会继续以更抽象的理论来产生出更多以电子为基础的工具,然而,只有这种应用才能代表网电空间的先进技术。因此,这些架构师拥有很大的权力。萨达尔在《网电空间的负面》一文中描述了这个事实。

网电空间的"每件事物"都是通过所谓的隐形系统管理者来管理的,管理者可以保证电子空间系统平稳有效地运行。同时,他们拥有拒绝进入或沟通审查,并保证所有系统不受限制的权力。在更大的网电空间中,系统管理员不仅能监控正在发生什么,而且有能力拦截通信,读取信息,并用另外的路径传送。若干法律案例已经证明,像私人电邮等电子应用,实际上并不是真正意义上的私人所有,因为许多注册信息在商业电子的通信中并非是保密的。此外,一些大型跨国供应商已经可以通过经济、技术和政治上的权力来控制整个网络系统。而且,因为他们可以免费使用所有系统,所以他们可以洞悉一切中央网络的管理,甚至可以无所不知。随着互联网成为越来越普通的社交工具,这种极端的问题肯定会引起用户的重视。

控制代码就是掌握力量。对网电空间和计算机的使用者来说,设计和制定的意图是得到一些特权,而且它正成为政治上至关重要的焦点。

在教育和专业方面,架构师已经有能力通过他们自己的创造力来"控制"空间形状,而这种力量将取决于计算机语言的个人知识,因此,便有了不同水平和不同类型的架构师。与此同时,不能没有任何防护措施地利用计算机辅助工具。而且,必须注意的是,如果使用这些工具时缺乏想象力,当出现错误时,计算机将会缺乏准确判断,所以架构师要具备一定的空间想象能力。

2.2.5 虚拟架构的未来

虚拟时空是一种主体性时空,这是因为虚拟现实中的时空反映的是某种事件或交往关系的顺序,从虚拟现实与物理空间的比较上看,虚拟空间屏蔽了真实世界,使虚拟现实显得更加"真实"。虚拟技术以模拟方式为使用者创造了一个实时反映与实体对象相互作用的三维图像世界,在视、听、触、嗅等感知行为的逼真体验中,使参与者可以直接参与虚拟对象所处的环境的作用和变化,仿佛置身于一个真实世界中。

由此可见,任何传统的静态表现形态技术都无法适应这种动态程序的要求。而且这些结构没有图纸或照片,这样就使得一些人抱怨,他们几乎无法用经验判断所提架构的好与不好。即使是一个普通传统观念的改变,也可以使得这些结构的表现形式发展成为一种不可预知的形式。在空间中,架构师如何弄清设计的可行性是一个问题,只能尽可能多地依赖计划来判断。因此,技术的封装和软件的使用将最终决定空间变得如何。

但即使是在今天,适合架构师使用的软件也是很难找到的,虽然最尖端的软件程序已经可以满足一些架构师的要求。像弗兰克·盖里、格雷格·林恩或彼得宣等当代架构师如今使用的计算机程序,就是人们可以接受的一种表示方法。可是,这些虚拟现实的工具,还不足以满足他们的需求。因此,虚拟空间中关于架构的软件应用程序将会成为设计者的技术部分。

数百年来,在空间技术的发展中,空间的身份也已经不可避免地改变了,而且适用于一些特定空间的经验,无论是物理的还是非物理的,都将会继续改变。虚拟现实技术将继续探索这些想法的可行性。泰勒马克说,计算机不能用于设计架构,但是空间却可能按照我们设定的发展计划来发展。与传统的或旧的架构技术相比,电子环境提供了更多方法的设计原则。未来架构师可以利用其丰富的潜在能力找到新的空间表示方法,这样,计算机生成的空间不应是无尽计算的总和,而应该是通过计算机的能力来产生的,而这个非常领域还尚未开采。

2.3　数字化架构

科技的每一次进步都会或多或少地影响架构的发展,随着网电技术的发展,数字化架构也成为虚拟架构的重要组成部分。哥伦比亚大学的建筑学教授 Greg Lynn 在关于网电空间的架构学的讨论中很有发言权,因为他的大部分项目都是对用计算机生成的架构模型进行的深入研究,而架构模型我们将在下面详细地进行介绍,先来了解一下数字架构的发展。

2.3.1　数字架构

1. 数字架构的产生

Greg Lynn 试着用基于时间的相关增长或发展的逻辑来解释数字架构的概念。为了说明外形的理论,他引用了岩石(rock)来做比喻,岩石只能理解为是历史必然结果。架构的产生是以 Henri Bergson 的理论为基础的。Greg Lynn 正试图通过产生一个以时间为基础的环境来储存数字架构本身的移动。这并不一定意味着架构会移动,但用户会感知到储存途径的架构和表现。

由于对数字架构的认可在方法、地点和观察上有所不同,他开始接受确定的可见模型。他在研究项目中,建立了主要设计步骤和整套参数集来产生架构外形。

2. 数字架构的基础

要想清楚地理解架构理论,首先必须要清楚什么是 BLOB,BLOB 是我们理解数字架构的基础。在 Greg Lynn 的任何一篇理论性的文章中,都介绍了"BLOB",BLOB 或者应该说很大的 BLOB,很多很大的 BLOB 有不同的大小和形状,其本质是不可约类型。

在 BLOB 的概念中提出了基本的结构组织和替代策略,它的特点是提供了复杂的架构关系。没有两个 BLOB 是相同的。此外,任何给定 BLOB 的架构和组织在内容上是紧密联系的,因此内部组织条件是很严格的。最重要的是,BLOB 可以被视为相异的,当具备了与周围环境融合的能力时,它们就会从任何地点分离。

BLOB 是图像组合成的、粘连的、流动的、复合的实体，它具有合并不相干的外部因素给自己的能力。Greg Lynn 确定了三种方法解释"BLOB"的特点，即图像、实体和现代架构技术。

（1）图像。在电影中出现的 BLOB 似乎可以理解为一种生物体，这种生物体的表面是凝胶状的，其内部和外部都是连续的，如流体，没有规定的形状，但内部取决于前后关系制约或遏制其形成的。这种特性和动态性、空间性是所有 BLOB 的特点。首先，BLOB 具备穿过空间的能力，空间好像水一般，从而通过环境以及运动本身决定其架构。其次，BLOB 可以吸收物体。最后，BLOB 的一类理解是它是网络化的、多样化的和分布式的。

（2）实体。这些流体称为准固体，是不完全存在的。在基本的多样化的架构学科内搜索一个理论上的抽象模型，似乎需要复杂的系统。最有趣的例子是"同构曲面"的概念，也被称为"元球"。这些元素只能由相关的其他对象组织起来，因为它们的中心、表面积和质量是由各个因素影响共同决定的。内在体积定义了一个融合区域，在这个域中能够连接到其他元球以形成一个单一的表面。外面的变形区域是在这个区域内的其他元球对象可以影响和改变的表面。

（3）现代架构技术。许多思想认为人类总是亲历亲为的进行架构设计，因此现代架构技术仍然处在当代架构文化发展的初期阶段。

2.3.2 应用软件

今天，越来越多的架构设计都使用到计算机辅助设计软件，软件的重要性是无可否认的。作为一种工具，架构师要用它来设计整个架构过程。下面介绍几种常用的计算机辅助设计软件。

1. 网格 Z

Greg Lynn 认为，软件的选择是他的项目中最重要的一项。这和是否在黏土或纸板上建造模型的决定一样重要，因为这一选择决定了它使用的媒质的特性。Lynn 使用软件网格 Z，这是一个基于多边形的建模器，能够通过计算三角化网格来生成对象。很多项目都使用这种软件来建模。

2. CATIA

在架构学领域上另一软件 CATIA(计算机图形辅助三维交互式应用软件)被人们深入讨论着。主要是因为新的毕尔巴鄂古根海姆博物馆的开放,该馆是由 Frank O. Gehry 及合伙人设计的。在对许多其他应用在如钢铁巴塞罗那鱼雕塑、汉诺威巴士站工程、迪士尼音乐厅和布拉格办公楼这些工程中的计算机辅助架构设计工具测试后,最终选择了先进的三维立体 CATIA 软件。该软件是由法国达索航空航天制造商开发的,并在 12 年前就对公众开放了。

"架构评论指出,几乎在规模和三维复杂难以理解,毕尔巴鄂古根海姆远远超过昔日理解为在架构美学上和技术上都可能"。这是 Gehry 使用计算机的原始方法,其主要目的不是去设计,而是要合理地说明并使高度直观的 Form 概念变得可以信赖。大部分架构上的透视图软件是基于各类多边形网格的。相比之下,CATIA 使用一种完整的数字控制机制,能够使用描述性的几何数学公式来定义曲面。通过识别控制面或测定一般的定义点来使立体手工模型数字化。

当计算架构物整体尺寸时,CATIA 的线框承担了最终的精确定位。该软件能够提供对表面上的任何一点的精确位置。这项技术是如此准确,几乎没必要进行现场切割和焊接。因此,必须给每个结构元素印上条形码,使该坐标通过 CATIA 模型能够显示出来原来的位置。由于架构物本身引起的一些在放置结构钢时的问题,未来的计算机辅助设计软件,也应该能够剪辑预演以及改善施工过程中的各种问题。

2.3.3 数字架构中的时空关系

架构师及纽约库珀协会的教授 Peter Eisenman,因其工程独特的架构风格而出名。其概念的基础是他的许多理论和哲学上的思想与独创的架构学原理。在苏黎世联邦大学客座演讲上,Peter Eisenman 阐述了他对未来架构的一个意见。在他的话语中,Eisenman 采用了 Richard Serra 的一个叫做扭转椭圆的艺术工程作为例子,用一种可以理解的方式来论证他的观点。在 Frank Gehry 和工程师 Rich Smith 的帮助下,Serra 发明制造了一种由一个平的、厚的、实心的钢板构成的物体。扭转原理是有两个想象封闭、有相反轴及相同的几何中心的重叠椭圆,随着物体本身的升高而渐渐旋转。只有 CATIA 软件有能力根据该实际钢板的旋转来确定弯曲模式的线路。

Eisenman 认为 Sarra 的观点是与很多古典架构例子对立的,一般涉及把直立轴与架构的对称轴线关联起来。Henri Bergson 提出了"物体的时间"和"学科经历的时间"的不同。他认为,有两种不同类型的时间:年代时间和持续时间。架构通常要经历年代时间。

这些静态对象似乎明显持续了某段时间,是由了解和体验其空间之间的差异完成的。因此,这一雕塑装置是一个架构现象的早期范例,需要个人经历对象在时间上的空间。虽然人们可以在这些作品周围散步,谁也不能说在那个空间的里面。此外,由于扭矩影响钢板,加上整体规模和高度,看不到架构的平面图,也不能用一个物体在对象的周围或里面走动来使其概念化。我们不能看到顶面,甚至绘制平面图。扭矩带来了另一个问题,因为人体的垂直轴和架构周围的垂直轴是分离的,而且缺少稳定性,原因是高度很高,钢板尺寸很薄。

2.4 流畅型架构

流畅型架构反映的是一种现象,就是某些架构师有意无意地在创作中借助于"液态"的特征来进行架构造型、空间的探索。这个概念是对现象的一种概括,但并非设计的出发点,因为某些架构师本身在创作的时候,并不是以此为概念的。流畅型架构的发展也是虚拟架构中的另一个重要方面。

流畅型架构概念最早实际上是由 Novak 提出的。他是 RealityLab 的创始人,该实验室位于奥斯丁—得克萨斯州立大学架构学院的 AD-RP 实验室,致力于沉浸式虚拟环境的研究。该实验室是美国第一所自主致力于架构的虚拟空间研究的科学实验室。Novak 是一名架构设计师、艺术家、作曲家,他喜欢对各种现实的、虚拟的、突变的智能环境进行实际研究。此外,他个人的研究领域涉及算法、作曲、虚拟空间甚至包括架构与音乐等领域。

2.4.1 流畅型架构介绍

Novak 认为,网电空间是信息数据盈利的理想王国,而且其盈利方式千变万化。

1. 在网电空间中的发展

Novak 称网电空间是我们所能想象的完美空间。他对网电空间会成为人们不可缺少的交流工具的影响和结果进行了调查。到那时,信息对于人类的影响将完全颠倒,人类处在信息空间内部。然而,那时,风景地貌的表现、分散的物体成为架构设计中的难题。简而言之,他确信:网电空间包含架构设计。从此,传统网电空间以及架构理念有了剧烈的变革。架构,这个在城市环境和其他相关环境中被普遍理解的架构概念,开始转变为外观与住房抽象联系的空间。

2. 流畅型架构的特征

流畅型架构,顾名思义就是架构应该给人的感觉是动态的、流畅的。Novak 使用流体一词,特指有活力、有生气、动态的物体。万物有灵论认为任何事物都拥有灵魂,并对个体的行为起着引导作用。动画模拟具有类似的性质,即位置随时间的变化而变化。质变是变化的另一种形式,包括时间和空间上的变化。Novak 曾对他的观点做如下解释:流体可以以不同的方式、不同的形态存在,其本质不是固定于特定的模式,而是能够适应环境的。

事实上,网电空间里的主角是信息数据,探究这些数据信息是非常有意义的。在网电空间中,研究信息的接收方式是以架构学方式进行的。对各种不同类型的介质可以通过一个电子算法编译器进行加工和结合,生成尽可能多的感应形态。历史上第一个非固态架构设计的原则是依照现实世界中物质生成与变化的过程。这是对传统的架构学理念的巨大突破。流畅型架构从来都不会被复制,只能持续不断发展,所以就连一场交响乐也不足以和它比拟了。

2.4.2 流畅型架构的表示形式

流畅型架构的表示形式,我们可以把它抽象化去理解,正如诗歌、音乐和电影等艺术它们的架构。Novak 就认为诗歌作品也是基于表格产生的结构系统,就像音乐、舞蹈、歌词等诗歌系统一样,在一个综合的虚拟世界中转变为某些结构系统。由此看来,诗歌并非仅仅是词语的排列组合,而是对某些文字艺术的产生以及结构化的理解。人们可以理解其更深层的含义。此外,现存的传统手工艺制品同样存在相同的问题。对于许多用于交流的不同介质种类,它们的结构和原始形态同样可以转变为一个单空间或一个位置信息,进一步成为一种符号的数据库,这样就有助于我们将对架构这种抽象的理解转化为对诗歌这种艺术层面的理解上来。

作为这些可交换介质理论的扩展,架构也应用在音乐和电影中,产生了音乐和适于居住的剧院。音乐主题可以影响某一数据库的结构。外观上,外形可以提取它们的本质结构。一些声音的特性也可以映射出来,这远远超过了原有的功能和多样性,将会产生更多简单的空间图形。由于数学表达式可以扩展为成型的空间模型,这样的架构空间概念具有极简洁的优点。音乐可以理解为一个时间上独立的物体,它有开始和结尾,有整体的规划或者单独划分的章节,而且有时可以标出曲线图。由此看来,一部完整的音乐作品可以看作是一幅风景画,人们可以从中提取许多独特的论点。其整体组织形态是基于一个无穷可能性的矩阵的,由于音乐的基础是发现矩阵中有趣的节点,所以其组织形态可以唤起任何由音乐引发的情感。架构是一种独立的种类存在,也就是我们所知道的空间艺术。时间同样可以看作是一个种类,而音乐就是时间的艺术。这两种结合从而生成一种空间—时间上的新型艺术,我们称为音乐架构。

由于任何介质都可以通过这种方式描绘,所以其含义通常是多重的。从另一种可能性来讲,影院和音乐一样拥有相同的线性类型。可居住影院意味着人工的以及不连续的环境,这将使未来的影院变为人们的乐园。此外,舞蹈具有同样的性质,它可以将舞蹈动作记录下来。所有这些都说明数据世界能够将信息变得更加容易理解。

2.4.3 流畅型架构的组成

1. 时间

Novak 称这样一种架构为传输架构,具有可居住性和空间交互性,而且其空间可以通过电子方式进行分配。这直接导致理论和时间的综合，就像教育在没有任何原则性先例的情况下被质疑，就像"从软件中学习取代了从拉斯维加斯学习，维特鲁威的包豪斯学派……"。

Novak 指出，架构的责任不仅仅是通过环境取悦用户，而应该更多地关注架构本身，它可以改变其立场、态度或属性，它甚至被认为能够呼吸和改造。这意味着架构的机械设计和模拟算法都是必须的。因此，时间参数必须添加在架构的功能参数中。

2. 抽样

对于 Novak 来说，今天的世界仍旧是通过取样的方法理解的，正如人体神经系统的认知技能，将原始输入信息翻译为某些可以识别的信息。真理分割成为间隔然后重新组合成为便于人力理解的信息片段，并生成连续的幻觉。此外，抽样还意味着抽样群体的存在，抽样比率和分辨率或抽样敏感度将影响抽样的结果。将世界看作是一个场，而非同辨证法，用固定的或空洞的角度来观察世界。

存在的独立性并非像二进制一样非 0 即 1，而是通过等级概念来区分的。在当时捕获某个实体的界限只是简单地通过在所有的可能值中盲目地选取某些值，然后重构其轮廓。而改变取样机制的三个特色，或改变取样机制的数据源就改变了已被认知了的世界。

3. 传输

围绕整个星球的电子网络的容量非常巨大，其蕴含的信息刚刚被世人所了解。然而，与此同时，由于现有的带宽限制，我们仍无法开发其所有潜能，而分布式计算理念是用一台中央集成计算机系统为许多参与者制造分享。与分布式计算的理念相矛盾，它是每个使用者将收到一份有关其他用户的行为和状态的电子压缩说明书。每个参与者的本地机将综合共享目前的模拟现实版本，不同用户的模拟现实并非完全相同，只要其他用户可以接受即可。这样用户之间即可独立，而且使得一个更大的模拟现实环境的出现成为可能。毋庸置疑，仅仅靠简单的压缩完成这样的任务是不够的，抛开用户之间的电子设备以及交流资源差异不讲，系统要求所有用户至少使用共同的分辨率。虽然模拟环境并非实际物体本身，但它的基因密码可以被复制传递，系统无视地理位置或资源情况拥有所有的遗传信息。

2.5 虚拟架构体系的演变

Ohn Frazer 是伦敦建筑协会的成员,曾任教于剑桥大学,并在 1984 年获得了阿尔斯特大学的教授职称;他认为计算机不断演化的架构体系推动了架构学的发展,并建议用自然的模型去构建架构体系,这一架构体系的概念主要从人为生活方式、形态、遗传编码、复制和选择的原则问题上来获取灵感,下面将具体介绍。

2.5.1 重要性质

1. 类比

在历史上,体系架构的形式和结构经常从大自然的概念中产生灵感。例如,Sullivan、Wright 和 Le Corbusier 都使用了生物学的类比。

2. 目的性

进化的系统在没有任何预先的知识时运行,这意味着系统在运行时没有任何设计概念。在 Frazer 的案例中,架构师很清楚他的目的,同时架构师无法预知正在创建的过程的最终结果。

3. 启发

大自然的和谐与平衡是其不断进化的结果。大自然的一些其他的进化概念也同样重要,所以大自然进化选择性也应该融入到现代架构的发展理念中来。

4. 生成

在 Frazer 的观点中,基于形状文法的技术的基本组合系统的架构设计有太多的限制。这种方法不仅需要语法分析,还要特定正式语言的语法进步。这种方法面临着很多限制和困难。

5. 环境

Frazer 承诺他的设计方法不仅将考虑更多社会需求的动态变化和工业的现实,同时也将考虑其对环境影响,能很好地适应环境。他认为,应该像自然生态系统一样:能回收材料,能很好地适应环境,并有效地利用周围的能量。这种超越实体的特别设计注重的是用户体验,而不是实物形式。

6. 经济

在清晰和节约的独立逻辑操作概念下设计合理的发电系统。此外，就像 DNA 这样的自然编码形式一样，信息已经被压缩到极限。架构师在设计时要尽量考虑这一原则，从而在硬件和软件方面实现从一个复杂结构与到一个最简单结构的演变，充分考虑其经济性。

2.5.2 发展历史

计算机最早是通过建造计算机模型来模拟自然过程发展而来的。图灵是计算机发展过程中的重要人物，对形态学和基于形态学的计算机模拟很见解。冯·诺依曼是另一个关键人物，他研究一种围绕自然和人为的生物学的理论和概念，认为生命的基础是信息。

1. 图灵机

1935 年，图灵第一次设计了一个抽象的实验，制作了最初的计算机器。这个数字机器通过连续的、可以自由移动的磁带进行读、写和擦除信息符号的工作。其发展思想是任何计算进程都可以按照磁带上的逻辑指令进行运作。直到第二次世界大战，图灵设计并建造的这些机器破解了德国代码。同时，图灵提出了人工智能的概念。后来，图灵主要用计算机模拟形态遗传过程的研究，这一研究占据了他的余生。

2. 冯·诺依曼机

从图灵的普通的计算机概念开始，冯·诺依曼开创了串行计算机的时代，他定义三个基本要素：中央处理器、记忆单元和控制单元。虽然他制造了美国的第一台计算机，但是他提出的能自我复制的自动机器则更加重要。在这个领域，他认为图灵机代表普遍的自动化类，他们可以解决无限逻辑问题。此外，他开始研究另一种自动化技术的可行性，采取一些原始的材料构建另一个自动化体系。据此，这种物理自动化复制自身到更复杂的形式的可行性得到了验证。

2.5.3 系统的生成

Frazer 虽然自己没有提"网电空间"的现象，但这些技术仍在电子领域得到了应用。

1. 计算机的作用

我们还注意到使用计算机是有风险的。把"富有想象力的使用计算机"翻译成"使用计算机"的这种方式来压缩信息,在这种方式下复杂的形式是能够发展的。虽然第一步仍然依赖于创造者的技能,或者像 Frazer 所说的那样:原型、建模、测试、评价和演化都可以使用计算机,但根本还是来源于人类的创造力。我们可以说,计算机在一定程度上改变了人类的直觉、感知和想象。

2. 概念

在整个项目中,非常有必要开发和设计新的工具:计算机软件、计算机语言甚至计算机硬件原型。

数据结构对于包含图形的表示和结构转换是十分重要的,通常它以矩阵形式存在,该矩阵可以乘上需要转换的本体。

转换实例如缩放、转换、映射、微分、旋转和剪切。此外,还有正投影、轴测、等长和角度预测。

对称操作广泛应用于设计和架构中,虽然只有最简单的程序如反射和旋转全面上市。一个使在三维坐标中 230 个对称操作执行的工具可能设计出来,成型的图形程序已经定义,其中程序接口提供给用户传输计算机要求的指令。

2.5.4　工具

最初,计算机被用在一个关于太阳的方案中,由计算机架构工程来评估环境的状况,显示黑子和太阳的路径运动情况。它们不仅可以分析,而且能帮助设计。后来,对架构形式的研究得到了更多的关注。Frazer 曾想设计一个计算机模型模拟展示代谢、自我生产和可变性等过程。

1. 生成器项目

1979 年,第一个自我复制计算机的工作模型建立。随着通信业的发展,这就促进了基于自我复制的电子进程和各种信息的传输的发展。所有这些工作当时集中在生成器项目中。该项目致力在物理上建立一个确定的"智能结构",它能够从自己的组织变化中学习,并辅助自身做出更好的决定。如果不能改变这种环境控制系统将被记录为"无用",并最终拥有了人造的"意识"。

2. 通用构造项目

在 1990 年通用构造工程中,进行了进一步研究,这一立方体通过 8 个 LED 灯组合照亮周围环境来传输信息。简单来说,这一模型为了传递消息,屏幕上显示一个确定的占用计算机共同的进程,允许不同的代码映射到实际计算机模型的物理平面设备上。通过用代码来增加环境特征。应用程序通过增加或者移除代码或者立方体的图形来回应。

"Polyautomata"是计算机理论的一个分支,这一是大量的互相联系的相似自动操作形成的自动化系统。Frazer 指出,这些系统进一步研究他们的生产设备,探索适当的、有章可循的系统。选用遗传算法的技术压缩信息。遗传算法是演化的自适应搜索法,其特征就像自然界的染色体。它们实际上包含了大量的编码特征,可并行使用。

2.5.5　演化模式

在自然界,虽然基因编码包括了构造,但是其确切的表达要视环境而定。Frazer 的架构模型在 1968 年起步,最初考虑成人造生命的一种形式,并包含唯一的能够发展的元素代码脚本。但是需要更多的概念元素去实现理想的演化模式。

1. 架构风格

为了描述基因,开发一个确定的基因和普遍形式的架构概念就显得十分重要了。这一应用应该能针对不同的环境结构和空间构造生成一种策略,这一策略遵循设计师在他们的项目中的个人形式的语言。

这种风格应该代替现有的计算机辅助设计软件办法,在设计阶段这种密集的建模和仿真是难以执行的,而且客观评价不同的变通办法仍然还没有得到广泛应用。这一模型应该针对应用的评价反馈适应计算机的反复响应。

遗传算法作为种子,然后抽象出其中都被计算过的交涉结构、空间和表面。两种类型的信息都被存储在整体框架中:编码,概念模型的架构信息,以及实际的部件和输出阶段的详细说明。此信息是由种子本身所产生的信息不同,因此生成技术启动时就十分有必要了。产生的种子被比作特定架构的用户要求的数据库,之后,种子是种植和伸展,直到它符合这些要求。这些修改的处理有两种方式。首先,优化程序,搜索和评估替代策略,该程序后自行调节到最佳状态。

2. 通用 Interactor 项目

1992 年,在这个方案主要结构中,包含一个可能的针对可计算的评估,并提供了适当的解决环境问题方案。开发实验性的天线用来发射或接收信息。接收机使用不同的技术手段来感知运动、声音、色彩、图案风和触摸。发射机能发射声音、光线甚至运动信息,这实际上代表了系统的状况。在此鼓励人的参与通过实验冲突和合作的概念。在这里,数据结构形式基于与 DNA 直接类比,是通过测量该立方体的两侧属性派生的。这一技术里,环境因素和内部规则决定了种子的回应,这是一个比例评估,然后传递到遗传算法去选择下一阶段的存储。但是不幸的是,这个系统的缺点是限制了它的具体组成部分的立体几何性质。

3. 通用状态空间建模器

这项技术可以建立任何结构和空间模型,对于环境本身也可以精确计算。信息传输通过存储格在逻辑领域进行分类。这意味着,该形式的模型能模拟变化的环境,它能够判断哪些规则在开发和修改形式上是成功的。在这种情况下,无论是概念模型以及结构本身是智能的。单个存储格的功能能智能完善并逐渐形成专有的结构生成功能。因此,这个流程驱动的实际模型可以看成是存储格智能学习的副产品。因为这个模型能理解生产和建设过程,所以它比普通的计算机辅助设计更接近生产建造形式。因为它可编译理解生产和建设过程中大多数环境组成部分(包括场地、气候、用户、文化背景、……)作为数据结构中简单的逻辑单元,所以它能产生比普通计算机辅助设计更接近的模型。

2.6 小　　结

关于现实和虚拟的关系的讨论存在不同的看法,不过未来的城市将和各种智能形式紧密地联系起来,传感器和受动器将会非常普遍地用在未来的信息公用工程上。正如 Novak 所说,城市将改变,因为它们将成为连接网络的可选择型接口。这种从几何学中释放出来的非本地化城市,将不是物理意义上的城市。

探索电子化边缘可编程形式生成技术的技术人员提出的最新见解,影响了架构的设计。然而,信息化和数字化社会对一些新兴的当代项目产生了重大的影响。还有很多用在这一领域的新原则以及应用发明开发。此外,整个领域应该关注不同的实际现象,许多其他形式的观点已形成,这实际上与本章中提到的观点不同。由此可见,网电空间架构的研究应该视为网电空间新的探索方向。

参 考 文 献

[1] Michael B P. Communication and Cyberspace:Social Interaction in an Electronic Environment [M]. Creskill:Hampton Press, 1996.

[2] Mitchell W J. City of Bits:Space, Place, and the Infobahn [M]. Massachusetts:MIT Press, 1995.

[3] Michael B. Cyberspace:First Steps [M]. London:MIT Press, 1991.

[4] The White House. Cyberspace Policy Review – Assuring a Trusted and Resilient Information and Communications Infrastructurc[R]. Washington DC:SN,2009.

[5] Cross R H, Yen D C. Security in the Network Environment[J]. Journal of Computer Information Systems, 1989, 29(1):14 – 20.

[6] Peter E. Utilities in Der Heptagon Architecture [J]. Guest – lecture at ETHZ, 5th November, 1997.

第3章 网络的演进

关于网电空间这个词的最初用途,William Gibson 说过,它实际上指的是:媒体不断影响着人类,其发展的最终阶段是人类沉浸在虚拟空间中,不再关注现实世界的发展变化。当今世界,各种新媒体蓬勃发展,但其中发展最迅速的莫过于 Internet 的网电空间。"Internet 网电空间"或"预网电空间(Pre – cyberspace)"通常指的是现有的大型网络现象群。显然,它们相较于其他网电空间具有较少的"物理"空间性。

本章对网络的演进进行介绍。此外,还描述了 Internet 上采用的一些城市隐喻。通过这些理论观点,使人们对 Internet 的整体有更深刻的了解。

3.1 互联网的重要性

在研究数字技术时,人们必须考虑到其对各种设计的影响。本章提到的概念参考了许多观察报告,如数字通信革命、电子技术的不断微型化、比特的商品化和越来越多的对实物软件化的支配。产生争论的原因在于,未来的任务既不包括通信链路与相关电子应用的数字信道,也不包括电子支付内容的产品。相反,所有人都希望拥有在社区中领先的生活,这就要靠数字媒介环境的想象和创造。为什么要研究这种新型的设计? 这是因为这种新兴的数字网络结构,影响到了经济机遇与公共服务、公共言论的性质内容、文化活动的形式以及日常生活等。我们应对正发生的事情有所了解,才能提出有组织地介入方案,并进行有规划的发展,也就是"设计"发展计划。正是因为这种观点,我们将对一些网上数字表现形式进行研究。

现实世界中,人们必然会有这样的疑问,为什么现有 Internet 上的通信应用会得到大众的认可,并越来越成功。其中一个原因在于这些环境所持有的特定性质,另一个原因可以从当代西方社会翻天覆地的变化中找出。对从工业时代转变到后工业或信息时代的讨论,已经持续了很长一段时间,众说纷纭,其中未提及的是,人类实际上已经过渡到了后信息时代(Post - information Age)。在工业时代,人们引入了大规模生产的概念,即在任意一个给定的时间和空间内,以统一重复的方式进行生产。在信息时代,即计算机时代,虽然采用的是同样的规模经济,但相比较而言,在时间和空间上却不用那么在意。人们可以在任何地点、任何时间进行生产,并随着全球经济法规的完善而变迁。大众媒体和许多产业瞬息万变:规模大的国际集团得到更多的受众。但在后信息时代,观众只有一个人,因为信息模式使得人类个性化程度增强,人与人的交往只是在虚拟空间中进行。

3.2　互联网的发展历程

1964 年,Marshall McLuhan 就预言,随着电子计算机的使用,地球会成为一个村庄。如今,"地球村"这个名词早已流行起来。网络技术使其成为可能,它能将任意类型的信息,从一个地方传输到另一个地方。

3.2.1　互联网的起源

事实证明,尽管互联网在安全等方面有种种的缺点,互联网仍毫无疑问是 20 世纪最具吸引力和爆炸性的技术。互联网的前身是美国国防部高级研究计划局(Defense Advanced Research Projects Agency DAR-PA)于 1969 年建成的一个军用实验网。当时,美国政府决定资助一项实验性的电子网络,以实现远程计算机间的信息交换。最初设计 AR-PAnet 的目的是为了便于 DARPA 的研究人员之间共享数据,之后越来越多地用于信息交换。实际上,可以将 ARPAnet 当作第一个"虚拟"社区。在 20 世纪 70 年代,DARPA 鼓励教育社区使用其网络,同时一些大学研究小组也开始使用其应用软件。由于该电子网络的电子基础结构模块化,在地理上分散且冗长,所以从本质上可以认为它是"坚不可摧"的。

因此,ARPAnet 的特性使其在军事应用中具有直接利益和优先性。1975 年,美国国防部享有其支配权,它企图利用这些不分级网的特点,来为其军用计算机通信服务。该技术的实施意味着,即使系统的相当一部分主机受到损害,甚至遭到核攻击时,它仍能实现完全通信。然而,当网络流量增长超出现有电话线路容量时,就不得不对军事(MIL-NET)及民用(ARPAnet)网络进行分拆了。直到 20 世纪 80 年代,所有网络最终都转换成单一的标准网络协议,ARPAnetT 成为了现在所谓的Internet 骨干网。

3.2.2 万维网起源

万维网(The World Wide Web,WWW)称为"Web"或"Net",已经成为 Internet 中领先的信息检索服务(也称作"字节和包的原动机")。基于"超文本"或"超媒体链接"方式,该系统能够对日益增长的海量信息进行检索和访问,这些信息位于连接到 Internet 上的许多"服务器"或"主机"中。通过超链接,用户可以从一个二维网页上挑选文字或图片,以实现对与原始请求——"点击"——对象相关的附加信息的访问。这样就可以对其他文档、图像、声音、动画、视频以及三维世界进行链接。通常,超文本文档都使用某一符合标准的简单的超文本标记语言(Hyper Text Markup Language,HTML)。当 Web 浏览器解读信息时,通过 HTML 定义该信息在网站发布时的标准外观和感觉。这种概念的突出功能在于,超链接能够将用户和其他主机计算机连接起来,而不用在意其真实位置,最终实现真正透明地使用 Internet。为此,需根据每个网上文档唯一指定的上网地址,即统一资源定位符(Uniform Resource Locator,URL)进行电子检索。

1989 年,Tim Berners-Lee 与其在瑞士日内瓦欧洲粒子物理研究中心(CERN)的同事共同设计完成了 WWW。这些研究人员创建了HTTP 协议,即计算机交互传输时所需的标准通信协议,还在 1992 年 1月编写了一种基于文本的 Web 浏览器。不过直到 1993 年 9 月 Mosaic浏览器发布后,Internet 才获得了巨大成功。该方案是由 Marc Andreessen 与伊利诺斯大学超级计算机应用国家中心(National Centre of Supercomputer Applications,NCSA)的成员编程开发的。作为一个图形

Web 浏览器,它采用了一种"指向和点击"操作,这种操作已经在个人计算机上使用过一段时间了。

3.2.3　互联网上人数统计

吉布森在《神经漫游者》中提出:在一个巨大的屏幕上编程显示数据交互,每 10^3 MB 一个像素,曼哈顿和亚特兰大只是一片白光。接着它们开始跳动,流量速率会对模拟造成过载威胁,地图会变得模糊不清。为让地图清晰一些,需要增大尺度,每个像素 10^6 MB。当每秒 10^8 MB,就能从中辨认出曼哈顿中心的一些街区,以及亚特兰大老城周围那些有着上百年历史的工业区的轮廓了。

国际电信联盟(ITU)于 2011 年 10 月发布了一份名为《2011 年的世界:信息通信技术的实施和数字》的报告。报告指出,过去 5 年间的互联网使用量已经翻番,到 2011 年年底,全球将有超过 23 亿网民。

3.2.4　网络带宽作用

随着互联网带宽的扩展和计算能力的持续提高,网电空间将会以越来越感性且动人的方式展现自己。我们将不仅仅只是看到它们,还可以身临其境去感受他们。

通常把信道带宽定义为每秒通过给定信道传输的比特数。但实际上,由于光纤已经使带宽无限成为可能,要充分理解带宽并不容易。因此,当带宽指的是在给定信道中传输信息的容量时,多数人将其比作管道的直径或高速路的车道数。这样,就可以通过完全相同的信道每秒传输更多或更少的比特,而不用去考虑技术能力。不过信息的传输速率是维持不变的,可以表示为技术术语 bps/baud。研究结果表明,当代光纤和激光技术应该能实现 10^9 b/s 的传输速率,而今天的 $1.2 \times 10^6 \sim 6 \times 10^6$ b/s 的速率对于现有的大多数强大的多媒体已经足够。

如果说传统城市形态中的房地产价值是由位置决定的,那么,网络连接的价值则取决于带宽。William Mitchell 认为,如果完全没有网络连接且带宽为零,网电空间会将这个人驱逐出去。数字网络创造了新的机遇,但是其排斥性也成为边缘化的一种新的形式。这就形成了可达性的重新定义。直接连接上宽带数据高速公路就如同在"主干道"

上风驰电掣,实现强烈的相互作用和快速连接。带宽的束缚正在替代"距离的独裁"。由于高带宽电缆连接的实际成本随着距离增加而增加,所以在高容量数据源周边正兴起某些信息密集区。试图将功能强大的通信设备集中起来的大学和所谓的电信城或计算机村,已经成为了公认的众多经济型重要工业新的增长点之一。

3.2.5　互联网协议起源

网络发展的一个重要应用基础是革命性的新型网络协议。网络协议是计算机与网络连接时用于与彼此"对话"的一套正式规范。对于Internet 而言,计算机采用的是分组交换技术。该技术将数据拆分成小分组进行传输,而不是通过专线将大量数据包直接传送到目的计算机。每个数据包都沿着"数据包"中共同的传输线路进行传送,"数据包"中包含源和目的信息。网络中的每个数据包都有其独立的路径,以在网络节点中传送到不同的计算机。在找到目的计算机之前,搜寻都不会停止,如果设备毁坏或其他问题,可以重选路由。

而且,由于数字数据副本完全是原件的精确复制品,所以丢失或损毁原件是被"准许"的。在数据包到达时,包附加信息被丢弃,并将数据块中的所有数据置入到原始数据中进行重新组合。该协议的优势在于,当该系统包含不同的连接类型和传输能力时,任意数量的计算机都可以共享相同的通信网络。在今天我们将标准 Internet 协议称作 TCP/IP 或"传输控制协议/网间协议"。

3.2.6　智慧网络概览

从最初的烽火台、驿站等原始的通信专网,到现在的网电空间,我们已经感受到了网络信息技术的飞速发展。网电空间的出现则意味着在多层面、多维度上从现实的物理世界到像吉布森小说中的"虚拟世界"扩展。网电空间是一个通过网络化系统及相关的物理基础设施,利用电子和电磁频谱存储、修改并交换数据的智慧电磁空间,具有时域、空域、频域、智慧域和能域特征。从网络演进的趋势可以看出人们希望未来的网络是充满智慧的。

虽然,现在已经出现了各种各样智能的网络。例如,2005 年,在认知无线电的基础上，Thomas 等人提出了认知网络（Cognitive Network，CN）——认知网络是具有认知过程，能感知当前网络条件，然后依据这些条件作出规范、决策并采取动作的网络；它具有对网络环境的自适应能力，具有对以前决策的评判和未来决策判定的学习能力，决策要达到的都是端到端的目标，即网络目标。

2010 年，周贤伟教授等人提出了智慧网络的概念。智慧具体来说表现为三个方面的特征，即更透彻的感知、更广泛的互连互通、更深入的智能化。目前，主要发达国家都在投入巨资深入研究探索物联网——智慧网络的一个初级形式，能够实现物物相连。

1. 智慧网络的基本概念

智慧网络必须是一个相互协作的网络，能从大量感知信息中快速、灵活、恰当地辨析判断和选择出有关人的情感状态和网络状态的信息，同时结合有关用户应用需求的信息，而后把这些信息资源加工成知识，实现知识的融会贯通，最终找到正确的决策来调整网络当前的配置，以及预知未来的网络环境和人的情感状态的变化，达到使网络灵活地适应网络环境变化、恰当地应对网络环境将要面临的变化以及未来的人的情感状态的变化和给用户提供创新性服务。网络在这些过程进行自我学习、自我成长、自我创新。

智慧网络中的"智慧"是指网络知道各个"网络"的能力和"网络"的资源使用情况，"网络"的性能和安全能力，以及辨析判断和预测网络环境的变化，能以最合理、最佳的方式协同配置和使用"网络"，让网络自适应其环境的变化，让运营者以最合理的资源分配和资源利用率获得最高的回报，并让用户以最合理的价格获得最好的服务，同时智慧网络赋予网络像人一样的观察、理解人的各种情感和意图的能力，体现人与网络一体化的思想，使网络具有自我学习、成长和创新的能力。

总体来说，智慧网络具有以下特点。

（1）具有较为完善的行为意识、调控能力和协同能力。

（2）具有智能感知、情境感知与认知能力。

（3）具有成熟的信息—知识—智慧转换机制，辨析判断和决策能力。

（4）具有自我学习、自我成长和自我创新能力等。

50

（5）具有适应生存环境变化的能力。网络生存环境的不确定性对当前体系结构的发展提出了全新的要求,迫切需要体系结构具有预见式的自适应特征,能够在生存环境不断变化之中更好地支持体系结构的自我管理、自我修补和自我适应,从而使网络提供智慧的服务,也就是给网络装上"未来眼",在环境变化之前自动调整自己的参数来应对新变化。

（6）整个网络能感知、识别和理解人的情感,并能针对人的情感做出智能、灵敏、友好反应,即赋予网络像人一样的观察、理解和生成各种情感特征的能力,同时根据人的情感状态变化的规律预测出情感变化背后的意图。

智慧环由六部分组成,如图3.1所示,包括感知（Sense）,辨析判断和推断与预测（Analyse,Judge,Ratiocinate and Proactive）,决策（Decide）,行动（Act）,学习、成长和创新（Learn,Grow and Innovate）,策略（Policy）。

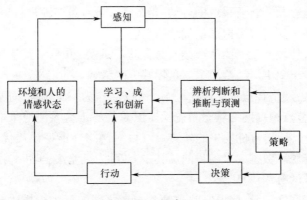

图 3.1　智慧环

智慧网络感知器感知周围的环境和人的情感状态,这些感知数据用于辨析判断、推断和预测,以决策模块进行将来的决策。辨析判断和推断与预测模块依据感知的数据进行信息处理获取由人的情感所引起的生理及行为特征信号,分析人的情感与各种感知信号的关联,建立"情感模型"和处理有关网络类型、网络拓扑、可用资源、接口协议、网络流量以及网络的误码率、节点剩余能量、数据速率、端到端时延与网络吞吐量等影响端到端传输性能的状态信息,结合策略模块中的策略决定可能采取的行动,以判断当前网络是否能满足用户要求,如果不能满足就要采取相应的重配置手段来保证满足用户要求。决策模块依据前面的学习、辨析判断和推断与预测的结果决定采取什么样的动作。行动模块负责执行决策模块决定采取的动作(重配置)。学习、成长、创新模块在整个智慧环中处于核心地位,能对"感知—推理和预见—决策—行动"整个动态自适应过程进行学习、成长、创新,并将学习到的、成长和创新获得的经验与知识累积起来用于知识的融会贯通及将来的辨析判断、推断与预测和决策中。

对于智慧,有许多哲学领域和管理领域的学者一直在进行研究,而且均有不同的见解。例如,Ackoff 定义智慧为充分利用知识解决困难问题的一个过程。Clark 认为,数据和信息处理过去的问题,知识处理现在的问题,智慧处理未来的问题。博弈理论提供了一个很好的能够预测未来的工具。有参考文献研究了博弈论和预测之间的紧密关系,博弈论能够预测将要采取的行动,当多个决策者策略地进行交互时,博弈论能够预测将要采取的最优策略。

周贤伟教授及其团队继续对智慧进行研究,并总结其他领域的研究成果。于 2012 年,给出了信息领域中网络智慧的定义。

定义:网络智慧 $WS[t, K, x^*(t), U(t)]$ 作为一个过程,对某一个事件,网络节点根据网络状态和先验知识 K 能够准确预测应采取的最优措施 $U(t)$,使得事件发生的轨迹 $x^*(t)$ 对网络性能来说最优,达到网电空间资源和数据安全的目的。其中 $U(t)$ 为策略集合,K 为用于应对面临事件的有用信息。

对于网络智慧,网电空间中的参与者之间的行为被描述成一种博弈行为。根据随机微分博弈模型找到纳什均衡解。根据纳什均衡解,能够预测参与者的策略使得网电空间的性能达到最优。使用随机博弈模型,需要根据先验知识,建立在一定的假设基础之上,对系统和人的行为所进行的一些随机假设。

2. 智慧网络的基本特征与体系结构

除了自感知、自管理、自学习、自优化、自修复、自配置或重配置等,智慧网络还具有如下一些重要特性。

（1）人的情感状态的感知。除了对自身行为、状况和环境的主动感知外，还能通过各种传感器获取由人的情感所引起的生理及行为特征信号，建立"情感模型"，从而创建具有感知、识别和理解人类情感的能力，并能针对用户的情感做出智能、灵敏、友好反应，缩短人与网络之间的距离，营造真正和谐的人与网络环境。

（2）自我成长和自我创新。自我成长指的是在自学习过程中把学习的知识储存在知识库用来武装自己；自我创新体现在综合分析网络状态和环境以及人的情感状态，结合自身的知识，给用户提供创新性服务。

（3）自预见。根据网络环境变化和人的情感状态变化的规律做出推测和判断，使即将发生的事件能够处于控制之中，这样能够在生存环境不断变化中更好地支持体系结构的自我管理、自我修补和自我适应，从而使网络提供智慧的服务。重点体现在对网络环境变化和人的情感变化的未来认知和把握，实现预见性的自主管理过程，减少人工干预。

3. 智慧网络的体系架构

智慧网络的体系架构如图 3.2 所示，主要包括三个平面。

（1）用户（数据）平面。与网络周围环境、网络状态、用户业务和人的情感状态有关的数据信息传输逻辑功能平面。

（2）控制平面。与网络周围环境、网络状态、用户业务和人的情感状态数据传输相关的信令控制信息逻辑功能平面。

（3）智慧平面。提供了整个网络信息的完整视图，并且把用户（数据）平面获得的数据提炼成为网络系统的知识，用于指导控制面的适应性控制；用于网络环境感知信息或网络认知信息和用户业务以及人的情感状态有关信息的传递控制、存储、处理、传输、辨析判断，为推断与预测网络采取的决策和行动提供充分参考信息；根据人的情感状态感知信息辨析判断人的情感变化，形成预期，进行网络调整，并做出反应，在对当前的操作做出即时反馈的同时，还要对情感变化背后的意图形成新的预期，并激活相应的知识库，及时主动地提供用户需要的新信息；同时也为网络的自我学习、自我成长、自我创新输送知识；另外，智慧平面具有成熟的信息—知识—智慧转换机制，建立智慧平面的统一协议描述语言（知识的表示）和业务高效融合功能；虽然智慧是建立在认知基础之上的,但是智慧是高于认知的,所以智慧平面具有了比认知平面更高级的功能,如辨析判断、预测、成长和创新能力,所以能够有效地解决网络的异构融合问题,网络的协同性,从而能够有效地进行节点间的资源共享,实现优势互补,使网络资源的使用更加合理和高效。

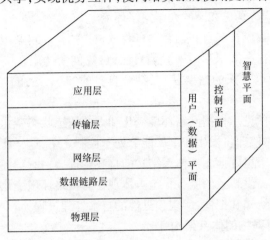

图 3.2　智慧网络的体系

4. 智慧网络系统实现框架

智慧网络系统的实现框架如图 3.3 所示,分为如下三个部分。

(1) 应用层。负责为应用程序提供网络服务,同时为智慧处理层提供用户的应用需求和人的情感状态感知信息。

(2) 智慧处理层。具有灵活的信息—知识—智慧转换机制。应用层输送的有关用户的应用需求和人的情感状态感知信息,经过云计算平台和情感计算平台的处理进入智慧处理层,智慧处理层再通过辨析判断和推理准确地获得人的情感状态和用户的应用需求,同时通过底层的网络状态感知器准确地了解网络的状态信息,包括各个"网络"的能力和"网络"的资源使用情况,"网络"的性能和安全能力。然后,综合处理这些信息,做出网络配置的决策,并对用户的需求和情感状态变化做出反应。将成功的决策的信息转化为知识保存在相应的知识库中。另外,根据获得的经验和当前获得人的情感状态与网络状态信息预测网络将要面临的变化,把以上这些信息转化为知识储存在自己的知识库中为以后的决策和策略提供参考价值。能够对当前处理过程进行学习,并将学习到的知识存储在知识库中用于成长和融会贯通进而创新。这一层主要实现网络准确地辨析判断和推断与预测、学习、成长和创新的能力。学习、成长和创新是为了给用户提供优质的服务。在这一层还具有如下功能:能自动从大量感知信息中过滤和抽象出有用的信息,把这些有用的信息处理成知识,结合知识库中的知识进行融会贯通得到最优的决策和策略,同时也存储在知识库中。

（3）软件自适应网络。这一层的功能和认知网络系统实现框架的底层一致,不再介绍。

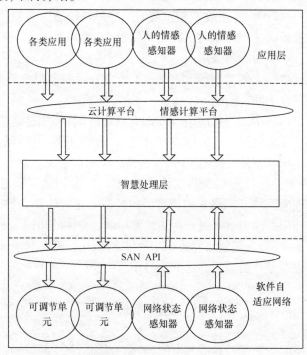

图 3.3　智慧网络系统实现框架

5. 智慧网络面临的主要挑战

与 2005 年由美国弗吉尼亚工学院 W. Thomas 等人提出的认知网络(CN)和日本、韩国提出的泛在网络相比,智慧网络面临的主要技术挑战有以下几点。

（1）情感计算是试图创建一种能感知、识别和理解人的情感，并能针对人的情感做出智能、灵敏、友好反应的计算系统，即赋予计算机像人一样的观察、理解和生成各种情感特征的能力。我们希望智慧网络像人一样的"大脑"思考问题和理解人的情感，那么，它应该具有和人的交互过程中，能识别用户情感状态、觉察人情感变化的能力，但是人的情感变化是起伏不定的，那么，如何利用人的情感状态感知器的感知数据构建合适的"情感模型"，并对用户的情感变化的意图形成预期，这些都是智慧网络面临的难题。

（2）预见式自适应系统。这也是计算机领域的新技术，它能够预料未来的用户行为，并通过调整系统的某些属性以适应新的环境。通过组合目标系统的观测和它自身的认知能力，能够使用合理的策略实现自适应。主要面临两个挑战：一个是如何构建能够从环境中学习的网络环境模型和人的情感模型；另一个是当考虑多个用户的 QoS 时，如何解决潜在的冲突问题。

（3）知识表示。智慧网络应当拥有自身的知识，并且这些知识要表示成智慧处理层能理解的信息才能进行辨析判断和推断与预测、学习、推理、成长和创新。Clark 等人首次提出了知识平面的概念，他认为"知识平面是一种处理知识共享的分散网络，它使用认知信息建立一个自我管理的网络。"网络在知识平面的控制下完成认知、成长和创新的功能。知识平面拥有网络和网络元素局部与整体的知识。不同领域的知识各不相同，它们的表示方式也存在差异。如何找到一个统一的知识表示方法是目前知识表示面临的难题。

3.3　超文本概述

网电空间指的是一种受控空间，然而，当代信息空间普遍特点是分散的、自下而上的。在对一些网电空间环境的研究发现，分层模式不适合于网电空间，这将会对网电空间的设计带来一些限制。

3.3.1　网电空间的导览

在网电空间中，逻辑链接替代了物理路径。人们可以通过点击一个文件夹图标打开一个网络"窗口"。另外,循环系统也许具有更自由的形式:当在所谓的三维迷宫当中徘徊时,符号都可能为其他地方提供点击入口。

我们可以将在网络中进行点击的动作比喻成一种新型的漫步。尽管系统本质上不受控制,我们依然能够识别出一些 Internet 中的结构形式。电子信息空间由难以计量的大量自由文本或结构化数据库、超文本文档及知识库组成。在这种合成的混乱领域中搜寻并检索有用及有意义的信息,将是一项相当巨大的工程,就其本身而言是无法比拟的。虽然大多数对于 Internet 的导览仍在进行,但为了充分理解超文本的概念,我们提出了在制作各类超媒体文档时常用的七个概念。如此就能将这些概念作为重要的设计原则,同时还可将其用于呈现和构建网上信息。从适宜的信息结构化到人工智能技术的应用,形形色色的导览工具和技术这七个概念都将试图涉及。七个概念如表 3.1 所示。

表 3.1 七个概念

	描述	举例
(1)链接	文档的全球链接结构	超链接
(2)检索	全文检索机制	全文检索
(3)顺序化	顺序访问超文档中指定位置的机制	路径
(4)层次结构	分层目录	目录
(5)相似性	语义相关的未链接节点间的连接	索引
(6)绘图	超文档目录的图形可视化	总览图
(7)代理	基于用户需求的复杂任务执行机制	购物代理人

(1)链接结构是超文本文档最著名且最突出的特征。借助文档中所嵌入的标记,链接允许对特定信息空间中的指定位置直接访问。可分为两种类型:静态链接和动态链接,其中,动态链接都是依据某一特定的动作而自动创建的。

(2)检索能力,是指定位信息存储在一个区域的概率。通常只进行全文检索,但也存在其他的系统含有附加的数据库。最优代表性的例子即所谓的搜索引擎,如"Yahoo!"或"Lycos"。

（3）在整个结构中，当不允许用户跳过信息或采取个性化操作时，N 维超文本文档可以简化为类似于游历指南或顺序路径。

（4）拥有层次结构的文档大都容易理解。差不多所有书本都是这样构成的。在 Internet 上的一些网站中，这种结构对于用户是可视的，便于用户将其作为主要的导览助手。

（5）相似性链接将具有相似内容，但尚未链接的节点连接起来。索引是一个非常简单的例子，其中相同的条目可能表示某种平等性。该系统不仅拥有关于文档结构的知识，也有关于语义的知识，即文档中所包含信息的内容，即便是更复杂的工具也是基于这样的假设。而且，这种系统的发展并没有超出早期原型的状态。

（6）绘图是一种简单且强大的信息的结构可视化技术。与真实的地图类似，这些图示呈现了整个布局，以便用户了解他们所在的位置及他们能往哪里去。绘图是可视化的。

（7）代理不仅仅对于导览，在许多其他电子区域也同样受欢迎。该系统融合了人工智能，以协助其他任意六种概念中的用户来检索信息。代理可以以几种形式来实现，包括简单的固定线路向导，以及能够对不同用户的不同需求做出灵活反应的法则式系统。

3.3.2 超文本的含义

超文本并不是一个封闭的操作，而是一种结合了各种踪迹和联系的开放构造形式，是不断修改和补充的过程。因此，一个超文本的结构不是一成不变的，而是不断改变和移动的，还具有时间依赖性。分支选项的衍生、菜单的复制、窗口中打开其他窗口和屏幕中显示其他屏幕，这些都残留着各种踪迹和联系。

超文本不是一个有机的整体，而是像拼贴和纹理一样，其含义是不稳定的，边界也是不断变化的。超文本层的预设路径还没有明确的定义。虽然网络是共享的，但每个个体的进程是不一样的。因此，超文本不是单一的创始人的产品。所有的创造者都是联合创造者，所有的生产都是合作生产。总之，超文本空间展现并唤醒了另一种架构。Internet 是一种复杂且不断演变的结构。为了克服这些基本缺陷以最终获得进一步发展，一些言论预见了某种全局结构，在不久的将来，这种结构可以将机械空间转变为具有认知能力且易于理解的物理空间。

3.4　虚拟社区

3.4.1　网电城市构想

虽然网电空间的构想是纯属虚构的,然而,一些人并不仅仅将网电空间看作是一种新型的社会环境,或者是一种设计多种可能性的沉浸式数据表示法的途径。有远见的人能够将吉布森的原始想象架构、摩天大楼、多彩的网格结构和几何形式整合成一种未来的城市环境形式。一些学者预测,在这个城市中,人类的多种活动将被现有的以及将来的电子技术所取代,虽然并不是所有的预见在未来都会有显著的变化。

网电空间很难取代甚至是彻底改变"物质世界"活动(网电空间中人的因素除外)这些非常人性化的部分,如约会、聚会、看病、团队活动、社交、园艺、慈善服务、外出就餐、耕田、与家庭共享节假日和购物等。网电空间反而更适合用于沟通、查找信息、学习、分享、购物、研发、阅读、写作和出版等。

我们期望网电空间与地球表面的任意点间都能进行"无连接"的联系。相较于可达性和土地价值,它更易受连通性和带宽的限制。

对于 Mitchell 而言,传统空间中的城市是面对面接触的物质化进程的结果。定义一个像区和街道这样的区域,是通过对其进行控制和组织来实现的。人们以业主、访客、旅游者、干扰者或侵入者的身份进入这个区域,这些都是象征性的、社会性的和法律性的行为。Web 也承认这些行为,但是这个"游戏"必须要有一系列的规则。获取性和排斥性的结构完全可以由非架构性的用语构建,与此同时,进入和退出区域不必通过物理性的进程,而仅仅是通过简单的建立和解除逻辑连接。

3.4.2　网电空间的软件建设

网电空间所要进行的一直都是软件方面的建设。可以说,软件创建了互动环境,以及能让人进入的虚拟空间。众所周知,一个文本窗口由一个文字处理器、绘图桌面或者计算机辅助设计体系空间提供。在大多数操作系统中都使用到了"桌面"和"文件夹",而"邮箱"和"公告板"也认为是一定空间的代表。就像是架构性设施和城市,所有的都具有表现特征,相互间的作用也是由一定规则控制。总之,软件可以用屏幕显示的文本表示一维区域,用"桌面"表示可以用来放置物品的二维区域,还可以表示一个三维虚拟空间,如图书馆、博物馆等,甚至是 N 维的一个抽象数据结构。共享一个虚拟空间并不一定等同共享物理空间。有些电子应用是由一个人、团队,甚至是整个社区共用的,如共享的电子日历、同时访问的 CAD 软件、虚拟聊天室和会议室。不考虑活动进行的物理区域,关键因素是同时访问相同的信息。共享区域有几种代表方法,从基于文本的界面到令人身临其境、多感官的虚拟现实。

在 Internet 上,共享区域大多是在聊天室中,通常用描述性或暗指性的用户名。人们随他们喜好自由地进出聊天室。与传统的聚会场所不同的是,不仅仅是"在那里",而是"展现出"自己,并与他人进行交流。这通常是由输入文字或者对符号进行编码,甚至是通过视频完成的。

Internet 上的许多区域都是公开的,同时,也提供了不受访问控制的区域。但其他的私密的地方,访问就需要一把钥匙。所谓的钥匙,通常是能提供身份识别的密钥。

网电空间的框架结构是建立在常用软件工具的基础上。框架构成可以根据特定的教育需求和技术实现而进行随时变换,不同感观的人机交互可以实现不同的操作,如 3D 交流头像、多媒体组件的聊天工具和聊天室引擎通信。

3.4.3 多用户体验

将社会的结构与网电空间等技术性结构作比较,会得到十分有趣的结论。无论是安装键盘还是使用耳机,进入网电空间都会涉及经验问题。在电子领域,获得多种不同经历的可能性非常大,其中之一就是多用户体验。Roy Trubshaw 早在 1979 年就通过编程实现了第一个 MUD(Multiple User Dimension)。现在 MUD 使用的条款规则更多,如针对用户模拟环境,以及面向对象的 MUD(MUDS Object Oriented, MOO)的多用户规模。

在所有的网电空间网络中,没有人会创造一个非多层用户层面概念的空间。MUD 是以计算机为基础的角色扮演游戏,角色非常好地诠释了多用户空间。在这个空间中,玩家创建并不断完善他们接触的基础现实,这同正常计算机游戏中预设的环境是不同的。目前,大部分的 MUD 是支持文本的,因此需要纯粹地依赖书面接口的描述和接触。通过这种方式,也证明了基于图像的 MUD,也就是所谓的"人居(Habitat)",网电空间可以通过交互而不是实际的技术来实现定义。即使是具有"原始"接口的基于文本的 MUD,也已证明对某些人群而言是十分具有吸引力的。

实际上,MUD 的存在就像是计算机硬件驱动的代码行。它可以通过网上的调制解调器或者私人网络服务进行存取。所谓的"新手",选择一个体现他们个性的名字,做一些说明,就可以登录并进行搜索。目前的许多架构组件从里到外就类似普通的 MUD 环境。用户的正常运行起始于某个中央空间。玩家可以通过键入命令左右移动,如"向东走"或"爬台阶"。无论进入到哪个房间,都会出现一个书面说明提醒目前的突出特点,并指明退出键。有时候用户可能为了某些目的或重要信息,而化身成"软件机器人"的虚拟人物。这些行动可能通过键入一个命令如"向南走"或者"挥动鼠标向他问好"完成。当玩家进入房间或者执行任意任务时,在其他玩家眼前发生的画面读取为:Matilda 进入房间,对 Flupper 愉快地眨了眨眼。大多数游戏允许玩家在个人的房间里"聊天",且可以用"悄悄话"让两名玩家聊天时有更多的私密。

目前,世界上有超过 300 个拥有数万玩家的完整基地的 MUD。早期的 MUD 设计大多基于虚拟主题,由于与 Internet 连接,所以具有多样化的特性。MUD 可基于建筑物、动物存在,这能够提升儿童的协同工作能力。近期有向某个专业领域,或者与社会交往和信息工作领域齐头并进的趋势。有一个非常著名的例子,国际天文学界的虚拟研究中心将虚构的模拟游戏设定在了核灾难后人们的应对情况。MUD 作为一种娱乐形式和互动区域,其魅力可以总结为三点:

(1) 游戏可以实现多个玩家的直接交互。

(2) 角色扮演的概念提升了自由度和创新性。

（3）MUD 以计算机为媒介，为玩家创建一个动态的、反应机敏的、令人身临其境的空间。

为了充分理解 MUD，首先必须了解最重要的角色，也就是在这个环境中媒介的作用：计算机和网电空间建立的技术可能性。一个玩家获得的经验越多，这个角色拥有的权利也会越大。通过这些技术手段，玩家逐步成为能够执行某些级别的计算机编程的"建设者"。这增大了人们改变游戏规则的可能性，与此同时，还有游戏本身的设计。这可以看作是同高级语境的游戏环境的根本区别，高级语境游戏环境规则只能在协商一致后或者经某些组织机构批准后才能改变。这种用户本身所带来的应用改变的特性，可能导致许多无法预料的事件和虚拟冲突。

很明显，了解编程语言其实意味着拥有权力，但并不是所有玩家的可编程应用都是可预见的。众所周知的例子就是角色抢钱，即"洗劫"别人（可能是在几百千米远）。如果集体反对这种角色和行为，这些事件就会引起网电空间社区中的民主决策。

普通玩家花费大量的时间构建游戏角色，同时也将他们本身投入到角色中去。可以说，虽然玩家存在的世界只是由文本构成的，但玩家的技术越娴熟，角色获得的个人股份就会越大。由于将巨大的个人情绪参与到游戏中，玩家开始混淆游戏与现实之间的界限，使得局势更加混乱。与此同时，相较于现实的物理意义上的世界，他们更不想违反虚拟世界不成文的规则。这就会导致，由于虚拟世界的经验不足，而不能沉着地武装应对突发的负面事件。此外，某些现象表明，编程作为网电空间的特权语言，它的重要性就是能够构建现实而不是反映现实。这就是创造和使用之间的差异。两个层面中令人紧张的地方也是在 MUD 中社会问题的根源问题。

网电空间的架构师将从社会学和经济学研究的原则，甚至是连同计算机科学原则中获益。架构应主张自由进化的方式而不是集中的社会主义的方式。

由于空间形态只能通过文本表示，所以，显然，设计是由编程所取代。在获取一定的目标、经验值和基本对象后，用户的角色逐渐得到更高级别的权力和掌控能力。任意正常的 MUD 中的最高级别通常称为

"向导",其中许多向导都是十分明显的,他们能够编程出新的以及尚未开发的区域。良好的设计由 LPC(类似 C 语言的计算机语言)编程语言取代,避免使用标准可利用的模板。正常的 MUD 包含超过 20000个不同的房间或区域,其中连续出现 40~80 个角色是正常的。

3.4.4 "人居"简介

由于提供的是有偿服务,所以提到的"人居"例子实际上是针对商业应用而言的,所以这就是为什么基本源代码不予授权,玩家是不可能实现额外编程的。

卢卡斯电影公司的"人居"项目(1986 年)是最早尝试创建大规模商业性质的图形化虚拟环境项目之一。它首先关注的是空间与社会交流的问题,在发展初期对于结构会变成什么样并没有思路。这个项目非常宏大,必须在支持成千上万用户群体共享的网电空间中进行。在虚拟的世界中,用户可以与其他用户实时交互和通信。在开发和安装启用人居系统时,富有经验的设计师对未来的"网电建设"是十分有用的。

开发商与大家一起分享的"经验教训",是基于用户间的互动而不是他们使用的技术。事实证明,尽管该环境是低语境和相对开放的,但已经足以创造一个几乎整体参与体验的环境。"人居"的核心理念实际上是网电空间的理念,那就必然是一个相对参与的环境。因此,"人居"概念意味着作为一个"多玩家在线虚拟环境",其目的就是要成为一个娱乐媒介,其中用户称为"玩家"。人居概念的主要灵感来自角色扮演游戏,但它无疑受到了网电朋客和早期面向对象编程的影响。

1. "人居"的概念

"人居"能在一台高配置计算机上运行。当用户登录时,计算机屏幕显示的是代表环境的图形和动画。这个动画人物称为"虚拟人物",一般外观上为人形。虚拟人物可以四处走动并有能力操作对象,与另一个虚拟人物交流是通过键盘输入完成的。在虚拟人物上面卡通风格的语言框中可以键入文本。整个人居世界是由地理上 20000 个叫做"区域"的不同离散点组成。这些区域可通过连接,虚拟人物可以在不同区域控制范围内承载不同的对象。截止到 1991 年,这一系统已经成功运作 3 年多的时间,拥有超过 15000 个玩家。现在它的版本已经升级,称为"富士通"。1993 年,这个社区大约有 15000 人。同时,该公司号称专门从事各种图像虚拟世界的设计。

根据国外媒体报道,1995 年富士通直接购买了更为复杂的系统,应用到 WorldsAway 的计算机服务中去。截止到 2011 年,WorldsAway 的旗舰世界魔域煞星,已经独立地成为 VZones.com 世界之一。

2."人居"的关键技术

第一批人居开发商的经验造就了网电空间中各种设施的雏形,对于今后的设计和虚拟环境编程具有重大意义。

(1)多用户环境的核心对网电空间极为重要。

"人居"程序员深信任何人在虚拟世界中都会寻求丰富性、复杂性和深度。很明显,科学技术得到了广泛的应用,但还没有自动化到能比及人类的复杂性,更何况是整个社会。因此,不要试图制造这种环境,使用计算媒介来增大人们的交流渠道才更现实,同时还要考虑原则性的问题。

(2)通信带宽是一种稀缺资源。

通信技术同计算技术一起向前发展,不断产生着数据技术的"研究热点"。为了克服数据传输问题,计算机科学家以素元的形式组织系统,该素元能够很容易地由一个简单的形式模型操作。通常采取原语来代表预期的复杂对象。

对于图像化的网电空间环境,其技术的优势在于使用图像、多边形或其他图像基元用于表现和互动。然而,数据密集型技术很可能会造成编程灾难。因此,在人居环境的情况下选中了一个相对抽象和高层次的描述。仅当处理人们行为交流的时候这种理念才表现出来。这个基本的选择引出了第三个原则。

(3)一种面向对象的数据表达是至关重要的。

多边形的面向对象模型是不可能实现的。但是为了避免基础问题,该系统的基本目标就是在虚拟世界的用户概念模型中建立与对象一致的系统。这种方法能使机器间的交流在行为层面,而不是表示层。因此,对一个场景的描述应该是那是什么,而不是它看起来怎么样,同时交互应该是在功能模型中进行而不是在物理模型中。高级别和概念表征的解释必然在本地用户计算机上进行。

（4）执行平台相对而言并不重要。

以对象的配置和运行状况形式定义网电空间,拓宽了项目的系统参与者的计算和显示能力。例如,一棵树对一个玩家而言可能就是"这里有棵树",这是非常传统的文字描述。另一个用户拥有强大的处理器,这棵树就可能产生高分辨率的三维分型模型,包括树枝在风中轻轻挥舞的动画场景。当然,这两个玩家可能是在同一棵树前进行面对面的交流。

这种设计方式会产生两种结果。首先,它意味着可以建立高效的网电空间。其次,考虑到前面的规则,系统可以使当前的技术很容易适应未来技术的发展。

（5）数据通信的标准是至关重要的。

相对于研究数据传输协议机制,这一原则将更多地关注数据传送本身。更确切地说,这个协议应该能够进行行为交互,而不是在两个不同对象或者从一个系统到另一个系统间的沟通。在未来的发展模式上,这一问题将变得更加重要,因为每次想添加一个对象类的新版本,都会被认为是不切实际的分发系统。

开发人员还遇到许多关于世界建造和管理的问题,这些问题包含了大量的人类数字互动。更确切地说,人居世界本身的设计由于其试图有效代表"空间",所以从调查架构角度调研似乎很有趣。

（6）不要尝试不可能存在的中央计划。

原来的规范要求人居创造一个支持20000人口虚拟人物的世界,并具有可扩展到50000人口的潜力。对于这些角色需要20000栋"房子",坐落在有主干道、购物商场和休闲区的城镇和城市。荒郊野地的设置是为了不让大家塞在同一个地方。最重要的是,这些人要做各种活动,需要到有趣的地方参观,也需要在这些地方做事。但很明显的是,由于不是所有的虚拟人物都在同一地点、同一时间出现,所以有意义的地点必须足够多。另一点必须说明的是,每个地点,像是城镇、道路、商店、森林、剧院和竞技场等需要作为一个独立实体分开。

为了解决上述问题,程序员开发出了一套工具来产生有规则和结构的区域,如公寓楼和道路网络。但是像森林这种地方,其独特的特性与周围环境不同,这就需要别的方法,需要额外信息,这是一个劳动密集型和耗时的过程。

3.5 网电城市化

本节需要指出的是,大多作家的作品都是从美国人的角度创作出来的。事实上,目前的城市化发展趋势影响到了人们原有的城市公共领域的概念。导致这种状况的主要原因是:城市公共空间的私有化、对犯罪恐惧感的上升以及后现代城市中的"其他因素",如对城市社会凝聚力的侵蚀和对当代大都市的空间分解。这在欧洲社会中也表现得越来越明显,城市中心已经经过包装、"主题化",主要由消费和消遣的设施组成。与此同时,使用权是基于支付能力而不是某些公民普遍的权利观念。这种迅速崛起的趋势巧妙地排除了社会不良群体的封闭式购物模式,但是中产阶级却把自己封闭在房子和社区里,只依赖汽车以及通信基础设施来整合他们的生活。与此同时,多层次媒体技术正在网格中传播开来,使城市和城市系统交织在一起。从电视、收音机以及电话,到 Internet 这样的计算机网络,都为社会成员表达思想提供了渠道,这样的趋势也弥补了传统的集体面对面式交流的不足。这些媒体技术提供的通信服务也越来越多样化和分散化。

这种环境下唯一有效的策略是鼓励计算机网络的发展,以此来支持新类型的公众社会和文化交流。事实上,越来越多的乐观主义者认为,网电空间将会扮演"新的公共领域"的角色。像 Michael Benedikt一样,"这种纯信息领域"能够"改造物理世界",净化自然和城市景观,将世界从拥堵的机场、杂乱无章的广告牌、空洞的建筑、漫长的高速公路、排队买票的队伍以及堵塞的地铁中,从低效、污染中挽回。

由此可见,当前许多围绕 Internet 的讨论都是基于这种理想化的假设,即这种网络将不可避免地被公共空间的大众文化所支配。因此,作为电信媒介工作、服务许可、健康和教育网络以及媒体流转换的一部分,计算机媒介通信将替代面对面的交流。安全、无威胁和超时空的"虚拟社区"以及"虚拟现实世界"文化,似乎成为了当代城市生活压抑个性的解决方案。或者,如 Graham 和 Aurigi 认为,对虚拟社区现象的一种解释就是，由于越来越多日常生活中公共空间的消失，人们对社区的渴望日益增长。

基于网电的新社区，"衍生于社区、服务于社区"，使公共舞台上新的交互言论驱动成为可能。这对于大多边缘群体应该特别重要，且会对城市社会组织中的个人主义造成最有力的冲击。但是最起码，Internet需要完成从服务精英、专业组织到近乎通用媒介的转变。昂贵的基础设施需求——技术、资金、电话线路、调制解调器、计算机软件、订购服务以及电力供应——应该便于城市多数人使用。显而易见，当前电子网络仍是一个富裕和附有特权的领域，因此还有很大的发展空间。但是这些差别远要复杂得多，这是因为即使拥有使用权也并不意味着有价值，或者说，也不意味着它必然会带给用户权利和优势。用户可能只简单地进行日常工作，这显然不会对技术有密集使用。因此，可能会出现不同网络使用的拓扑结构，其中用户的权力和控制各不相同，这与单一的、统一的网电空间的观念是矛盾的。由此，我们可以从网电空间中的城市社会建筑里归纳出三种不同的群体定位。

（1）信息用户。经营全球经济的精英、跨国企业，其依赖于密集的流动性，通过计算机网络访问"指令空间"。

（2）所使用的信息。事实上，不太富裕和不稳定的工薪阶层，正受到狭窄的、被动消费系统的影响，而仅限于控制"点击并购买"按键。电视、Internet、有线电视、电信、电影、出版物、广告以及报纸企业所组成的全球联盟，必须着眼于这种商业消费驱动市场的环境。

（3）离线。贫困生活和结构性失业的弱势群体，因缺乏资金无法访问互联网络。而且，即使这些社会群体接入到了真实的 Internet，Graham 和 Aurigi 仍提出质疑："仅仅让一个人使用具有 Internet 功能的终端，或者推而广之，使用公共空间的一体机——这仍不会对任何觉得自己面临着似乎不可能克服难题或者完全不知道怎么入手的人有所帮助。"

3.5.1 虚拟城市

世界各地已构建了几百个实验性"虚拟城市"，与此同时，但他们却忽略了城市中的社会不平等，以及新型网络中不同的社会结构。这些网上现象为一般现实中拥有实质城市领域的人服务,意在以电子的方式进行运转。超过 5000 个(1997 年是 2000 个)虚拟城市集中在 City. Net网段中,囊括了城市中所有网上活动的综合性 Web 空间。事实上,这些虚拟城市尝试了许多方法来利用 Internet 的潜力,以支持本地民主和言论的发展、城市的营销和"再生"、新型电子市政服务、本地企业间网络以及社会和城市社区的发展。对城市技术中心的早期研究,即在欧盟构建一个数字城市类型学的目标,涌现出了以下两种主要 Web 城市。

(1)非接地式 Web 城市。这些网站使用"城市"界面(通常是地图)作为隐喻,全面又直观地将全世界范围内众多的 Internet 服务集中起来。

(2)接地式 Web 城市。它是由城市代理开发的,将从属城市环境中的所有电子可能性连贯地连接起来,帮助特定城市发展。进一步可以细分两种类型:是以宣传为主的网站,其中为居民信息所留的空间较小;相反,"公共"电子空间支持城市本身的政治、社会和文化的自由。图 3.4 所示为一个基于城市隐喻三维界面的例子。

由于 Internet 的全球性,这些城市的可及性非常宽,但这些网站主

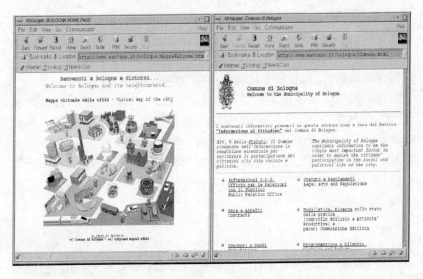

图 3.4 Bologna 的 Iperbole 计划:一个基于城市隐喻的三维界面

要为被动使用而配置。虽然这些服务确实是"公共的",但是却很难被看作一个"公共空间"。大部分接地式 Web 城市只不过被构建成一个城市数据库,用于展示居民的信息、城镇管理相关的政治进程和决策,还有交通信息、休闲、文化活动、游客的住宿和饮食。"城市规划设计"往往局限于单纯的模拟、理想化甚至是完美后现代城市的拙劣模型。

虽然虚拟城市概念的提出经历了不少时间,它还需要一段时间来进行认真的开发。尽管有一些不好的例子,但这些虚拟方案还是有一些值得期待的。许多人都希望它们的动态潜力能克服当代城市的地理、社会以及文化的分裂,帮助将城市碎片重新结合在一起。但是,之后当然还应该扩大到可以包含社会边缘的群体。此外,应该避免单向应用,这是因为许多私人的虚拟城市仅仅是用户空间,他们利用城市暗喻将自己与众多混乱无序的"没有固定位置"的 Internet 网站区分开来。同时,城市当局始终没有认识到数字化的潜力,而坚持把他们的网站作为后现代化城市的推广方式,受当地 Internet 用户中富裕人口的诱惑而为私人、当地企业作了一大批广告。但是,不考虑虚拟城市所带来的风险,可以说,至少这些方案开始建立起了远程和电子媒体领域的关联。很明显,对于虚拟城市最美好的希望会随着公、私营和社区部门之间的合作,以及结合真正的大众传播转向 Internet 接入所推动的地方战略而到来。将来,"城市网电空间规划"将在全球化的碎片影响下,建立有意义的城市"罩",并恢复城市特征和民主言论驱动空间的集体观念。

3.5.2 数字城市

目前,欧洲最著名的虚拟城市莫过于阿姆斯特丹的"数字城市",具有社会包容性和言论驱动性。自 1994 年 1 月创建"De Digitale Stad"(DDS)以来,这个私人方案一直由阿姆斯特丹当局资助。从开始比较封闭的基于文本的界面,已经快速发展成一个复杂的基于 Web 的站点,并有着相当吸引人的图形界面。到目前为止,这种对于城市的空间隐喻已经成为许多其他数字城市的榜样。由此可见,整个 DDS 组织可以看作是全球性的"城镇"。

这个设计方案由 33 个主题广场组成,涵盖到城市生活的方方面面,如书籍、运输、新技术、政治、健康、医学、当地政府服务、规划和体育等。每个"广场"代表着多达八个相关信息提供者的主页,可以是私人的,也可以是公共的。每个"广场"又由居住的"房屋"所包围。这些箱式环节轮流被城市居民用来免费发布他们的个人信息。每个广场还有一个"虚拟咖啡馆",可以存档并进行在线辩论。此外,还开发了一个名为"Metro"的真实环境,其中集合了全球的虚拟社区。图 3.5 所示为阿姆斯特丹虚拟城市和 DDS"广场"。

图 3.5 阿姆斯特丹虚拟城市和 DDS"广场"

这样就存在一个争议,DDS 是否真的可以看作是阿姆斯特丹市的一个公共空间。关于 DDS 方案也有两个异议:第一,尽管边缘群体可以使用一些公共终端,但是目前年轻人、男性以及受过良好教育的群体,仍然在整个 Internet 上占主导地位是个不争的事实。随着 DDS 逐步引进更多的商业利益驱动的内容,这种不平等似乎不大可能减少;第二,计算机网络的性质使人们质疑,相比于更广泛的 Internet 群体,DDS 上的群体、辩论以及言论有多少真正代表的是阿姆斯特丹的公民。事实上,连接到 Internet 的任何人都能使用 DDS,同时,还应指出,与关于数字城市本身的民主水平的主题相比,其他主题的访问量更多。而且,随着市场压力的增加,这个链接可能会恶化。

3.5.3 智慧城市

智慧城市——IBM 提出的重要策略,主要涉及全部生活中的下一代信息技术,植入到医院的传感器设备、电网、铁路、桥梁、隧道、公路、建筑、水利系统、水坝、石油、天然气以及其他工程上,这样就形成了基于互联网的"物联网"。如果通过超级计算机以及云计算来实现物联网。这样,人们就能够动态地严格管理生产和生活,实现智慧地球的状态,最终达到"互联网+物联网=智慧地球"。

"智慧城市"使用信息和通信技术来感觉、分析并整合城市中核心系统的关键信息。同时,智慧城市能够满足不同的需求,包括日常的生活、环境保护、公共安全、城市服务以及工业和商业活动。

简而言之,"智慧城市"就是"智慧地球"在具体区域对城市信息化管理的应用。"智慧城市"是对智慧计划方案、智慧构造模型、智慧管理方法以及智慧发展途径的有效集成。通过对城市地理、资源、环境、经济、社会和其他系统的数字网格化管理,对城市基础设施与基础环境的数字化和信息化处理及应用,我们能够实现智能的城市管理和服务,从而使现代城市更高效、更便利、更协调。

智慧城市的结构包括感知层、网络层和应用层,这样的分层结构可以使未来世界交流沟通更加便捷、更加智能。图 3.6 清晰地给出了智慧城市的分层技术。

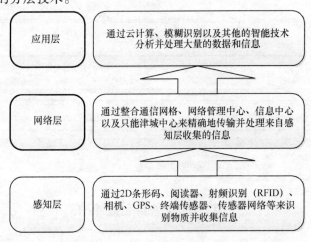

图 3.6　智慧城市的分层技术示意图

下面简要介绍一下智慧城市和数字城市之间的关系。

数字城市指的是把远程遥感(RS)、全球定位系统(GPS)、地理信息系统(GIS)以及其他的空间信息技术作为主要手段,构建数字城市的地理信息框架并为公共服务建立城市地理信息平台。通过建设基础设施,我们可以完成对所有种类的地理信息的发展和整合,并能够实现网络化、数字化,城市经济的智能化、社会化、生态化等。

智慧城市是基于综合的数字城市,建立虚拟并可智能度量的城市管理和城市操作。这种理念就是把传感器配置到各种对象上来形成物联网,并通过超级计算机和云计算来实现物联网的互连互通。总而言之,智慧城市是数字城市和物联网相互作用的结果。图3.7给出了智慧城市和数字城市之间的关系。

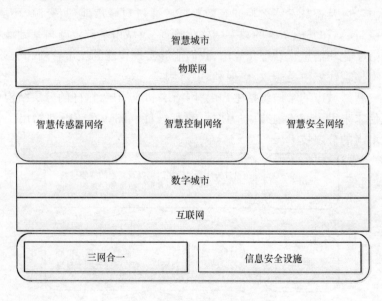

图 3.7 智慧城市和数字城市的关系

3.6 网电空间无处不在

在创建数字约束条件和网电空间变量时,各种网电空间设计者拥有很大的权力。此外,当前大多数和未来电子领域相关的论述,都是一种简单的说服模式,还不能拿出客观论据来证明。因此,用一些关键词描述 Internet 网电空间现象可能更好。

与大多数新技术一样,网电空间不是在任何地方都能出现的个人灵感。它是人类最深切欲望、渴望、经验上的向往和精神上的梦想的意识折射。从这种观点来看,可以认为网电空间是人类文明需要征服的一个新的领域。人类历史上,这种困扰遵循着一种基本而又线性的模式。对新财富的欲望,反过来会为新技术的发展提供动力,这也必然为政权带来这些新领域。当最后建立殖民地,它们则最终被转换为商业利益,让步于所谓的"进步"、"全球化"以及"现代化"。

正是这种思想,激发了 Ziauddin Sardar 对于数字梦想以及普遍应用的灵感。他提出了关于当今电子信息可用性的问题。作为一个文化产品,其中个体和公共目标已经丧失了它们所有的意义和内涵,大多数行动都基于乏味的现象。在这样的文化下,一个人需要去做、去看一些与众不同的事物,这样才能拥有全新的兴奋感。网上冲浪为人们提供到处兜风的喜悦、视觉和听觉导入的景象,使人们从烦躁中解脱出来,甚至还会产生像上帝一样的幻觉。

网电空间社区没有背景和自我选择,是一个真正的社区。可以限制人们,然而,因为他们总是在那里,所以事实本质上是在帮助他们。该观点认为,网电空间社区只是为了保护他们免受性别竞争和多元化的污染。

此外,程序员和管理员的权限也备受质疑。但当研究架构师作为程序员时,这将必定成为一个主题。在当前快速的发展中,架构的概念仍不是一个热点。然而,我们可以认为以下三个主题与架构相关。

1. 数字信息无处不在

全球电信业主要的经济转变证明了这项技术对市场的重要性。而当前数字信息的发展仍然很迅速,在发达国家中几乎无处不在。本质上,在任何时间获得任意数量任何信息的条件已经得到满足。这就必然会产生重大的影响。随着带宽的增加,且各地都真正地遍布着数字信息,人们所非常熟悉的情况将会从根本上发生改变。在某处的自然人存在形式将只会传递出一些"比特"和属性而不是电子通信。人类的交往方式将随之发生改变。

2. 数字信息无孔不入

数字信息可以作为一种溶剂消除或降低对相似架构的需要,它将社会中的建筑、城市融合在一起。例如,人们以前认为银行是一个强大机构,在社会中起到重要的作用。当代银行更倾向于自动取款机、网络以及一些无线国际汇款的节点。可以在一个普通的房子内完成这一切,该房子作为重要的权力中心,却完全没有建筑的表征。银行是一个非常好的重组例子,也是一个新的体系标志,像 ATM 机。首先,许多国家已经将银行转移到人们真正需要的地区:大型超市、机场、家里。

3. 21 世纪的城市是虚拟的

这也可以认为是数字信息的溶解力所导致的结果。纵观现在,不断增长的未来数字化城市和公共空间将很可能成为虚拟社区。它们吸引了许多社会研究者。然而,应该指出,现在更多的社会活动可能由一个简单的计算机处理,这些计算机位于人们不知道的地方。实际上,由于没有一种理论或方法完全具有塑造社会表现的能力,架构间的互通显得尤为重要。同时,网络导航使用许多城市隐喻来描述。在未来的网电空间,一些明显的隐喻将会消失。

3.7 小 结

本章结合 Internet 的发展历史,详细阐述了超文本以及虚拟社区的概念,并对网电空间城市化做了进一步讨论,使读者对 Internet 网电空间的体系架构有个整体的了解。同时,通过对智慧城市的阐述,以及网上环境中的体系架构的研究和一些城市隐喻的介绍,理清了数字领域中存在的混乱结构。

参 考 文 献

[1] Benedikt M. Cyberspace:First Steps [M]. Cambridge:MIT Press, 1991.

[2] Negroponte N. Being Digital [M]. [S. l.]:Random House LLC, 1995.

[3] McLuhan M. Understanding Media: The extensions of man [M]. Corte Madera : MIT Press, 1994.

[4] Woolley B. Virtual Worlds: A Journey in Hype and Hyperreality[M]. [S. l.]: Penguin Books, 1993.

[5] Whittle D B. Cyberspace: The Human Dimension[M]. New York:W H Freeman &Co, 1996.

[6] Berners – Lee T, et al. Weaving the Web: The Original Design and Ultimate Destiny of the World Wide Web by Its Inventor[M]. New York: HarperCollins, 2000.

[7] Gibson W. Neuromancer[M]. [S. l.]: Penguin, 2000.

[8] Graham S, Aurigi A. Urbanising cyberspace? The Nature and Potential of the Virtual Cities Movement[J]. City, 1997, 2(7): 18 – 39.

[9] ITU. The World in 2011: ICT Facts and Figures [R], 2011

[10] Thomas R W, Friend D H, DaSilva L A, et al. Cognitive Networks [M]. Netherlands: Springer, 2007.

[11] Xianwei Zhou, Zhimi Cheng, Yueyun Chen,et al. Wisdom Network. The 4th IET International Conference on Wireless,Mobile and Multimedia Networks,2011.

[12] International Telecommunication Union. TU Internet Reports 2005: he Internet of Things [R], 2005.

[13] Gustavorg Mariom O, Carlos D K. Early Infrastructure of All Internet of Things in Spaces for Learning[C]. Eighth IEEE International Conference on Advanced Learning Technologies, 2008:381 – 383.

[14] Sarma A C, Gîrao J. Identities in the Future Internet of Things[J]. Wireless Personal Communications, 2009, 49(3): 353 – 363.

[15] Picard R W. Affective Computing[M]. Cambridge:MIT Press, 1997.

[16] Clark D D, Partridge C, Ramming J C, et al. A Knowledge Plane for the Internet[C]//Proceedings of the 2003 Conference on Applications, Technologies, Architectures, and Protocols for Computer Communications. ACM, 2003: 3 – 10.

[17] Geers K. Cyber Jihad and the Globalization of Warfare[J]. Black Hat, 2004.

[18] Jonathan B. Communication Technology and Architecture [EB/OL] . http://cti-web. cf. ac. uk/dissertations/virtual_architecture/contents. html.

[19] Oliver B. Russians Wage Cyber War on Chechen Websites, Reuters [EB/OL]. 2002 – 11 – 15. http://seclists. org/isn/2002/Nov/006 4. html.

[20] Gloor P A. Elements of Hyper Media Design: Techniques for Navigation and Visualization in Cyberspace[M]. Cambridge:Birkhauser Boston Inc, 1997.

[21] Nürnberg P. What is Hypertext? [J]. Proc. Hypertext, 2003: 220 – 221.

[22] Electrotecture: Architecture and the Electronic Future[M]. Anyone Corporation, 1993.

[23] Art Wolinsky. The History of the Internet and the World Wide Web[M]. NJ: Enslow Pub

Inc, 2000.

[24] Taylor M C. Imagologies: media philosophy[M]. Psychology Press, 1994.

[25] Wai L H C, Sourin A. Setting Cyber – Instructors in Cyberspace[C]//Cyberworlds (CW), 2010 International Conference on. IEEE, 2010: 314 –318.

[26] Strate L, Jacobson R L. Communication and Cyberspace: Social Interaction in an Electronic Environment[M/S. l.]: Hampton Press, Incorporated, 2002.

[27] Maia Engeli. MUD: Text Als Baumaterial. In Schmitt, Gerhard, Architektur Mit Dem Computer, Wiesbaden: Vieweg, 1996.

[28] Beaubien M P. Playing at Community: Multi – user Dungeons and Social Interaction in Cyberspace[J]. Communication and Cyberspace: Social Interaction in an Electronic Environment, 1996: 179 – 189.

[29] Different ways to enter NannyMUD [EB/OL]. http://www. lysator. liu. se/nanny/misc/enterpage. html.

[30] Morningstar C, Farmer F R. The lessons of Lucasfilm's Habitat. In (M. Benedikt, ed.) Cyberspace: First Steps[J], 1990.

[31] Worldsaway. [EB/OL]. http://www. worldsaway. com/home. shtml.

[32] Habitat. [EB/OL]. http://en. wikipedia. org/wiki/Habitat_(video_gam e).

[33] Benedikt M. First Steps'[J]. The Cybercultures Reader, 2000: 29.

[34] Boyer M C. CyberCities: Visual Perception in the Age of Electronic Communication[M/S. l.]: Princeton Architectural Press, 1996. http://kubrick. ethz. ch/fake_space/reader/cybercities1. html.

[35] Dds. [EB/OL]. http://www. dds. nl/.

[36] Su K, Li J, Fu H. Smart City and the Applications[C]//Electronics, Communications and Control (ICECC), 2011 International Conference on. IEEE, 2011: 1028 – 1031.

[37] Yongmin Zhang. Interpretation of Smart Planet and Smart City [J]. CHINA INFORMATION TIMES, 2010 (10):38 –41.

[38] Qin H, Li H, Zhao X. Development Status of Domestic and Foreign Smart City[J]. Global Presence, 2010, 9: 50 –52.

[39] Rongxu L Y H. About the Sensing Layer in Internet of Things[J]. Computer Study, 2010, 5: 030.

[40] Yongmin Zhang, Zhongchao Du. Present Status and Thinking of Construction of Smart City in China[J]. CHINA INFORMATION TIMES,2011,(2):28 –32.

[41] Cyberfutures: Culture and Politics on the Information Superhighway [M/S. l.]: NYU Press, 1996.

[42] Quittner, Joshua. Tim Berners Lee—Time 100 People of the Century. Time Magazine, 1999.

[43] Jacobs I, Walsh N. Architecture of the World Wide Web[J], 2004.

[44] Morabito, Margaret. Enter the Online World of LucasFilm, 1986:24 – 28.

[45] Ackoff R L. From Data to Wisdom[J]. Journal of Applied Systems Analysis, 2010, 16: 3 – 9.

[46] Clark, The Continuum of Understanding[EB/OL]. http://nwlink. com/ ~ donclark/performance/understanding. html.

[47] Dixit A K, Skeath S. Games of Strategy(2nd ed) [M]. New York: Norton, 2004.

[48] Zhou X, Cheng Z, Ding Y, et al. A Optimal Power Control Strategy Based on Network Wisdom in Wireless Networks[J]. Operations Research Letters, 2012, 40(6): 475 –477.

第4章　网电空间信息安全威胁

网电空间给人们带来巨大收益的同时,也带来了潜在的安全威胁。据报道,2010 年全球有 4 亿多人成为网电安全威胁的直接或间接受害者,全球因网电犯罪造成的经济损失高达 1000 多亿美元,高于全球各类毒品黑市交易的总额。特别在国防和信息安全领域,网电空间攻击武器发展迅速且极易扩散,很容易被恐怖分子和敌对势力低成本获得和掌握。据报道,1988 年 11 月 2 日,一种名为"莫里斯蠕虫病毒"的计算机病毒"入侵"了美国国防部战略系统的主控中心和各级指挥中心,导致 8000 多台军用计算机出现异常,其中 6000 多部计算机无法正常工作,造成巨大的经济损失。

网电空间使用方便、简易、快速,在政府、军队和商业组织中的应用已经有几十年的历史。随着对网络系统的依赖性不断增强,网电空间受到的攻击也越来越频繁。

网电空间攻击是使用网电空间武器的进攻。其中的网电空间武器,是指一种具有信息通信技术及其能力的信息武器。北大西洋公约组织标准化局把网电空间攻击定义为:"为了破坏、拒绝、退化或毁灭计算机或计算机网络本身以及其中驻留的信息所采取的动作。"并在其注解中说,"计算机网络攻击是网电攻击的一种类型"。

网电空间攻击主要是破坏或者禁用支持企业操作系统的功能和资源。网电空间攻击包括远程和本地操作、数据库的访问、通过逻辑或者技术手段降低系统的安全性等操作。

4.1　网电空间攻击影响

网电空间攻击给网电空间带来了很大的威胁。网电空间已经成为异议人士表达愤怒、抗议，发动网电空间攻击、报复、身份追踪、传播信仰、偷盗钱财等的主要媒介。随着对网电空间基础设施的依赖性越来越强，网电空间攻击造成的影响将越来越大。

提供水、电、医疗、金融、粮食和交通服务的这些关键系统越来越多地依赖网电空间。随着对网电空间依赖性日益增强，由此产生的不利后果也更加明显，如政治冲突、社会动荡和恐怖活动。人类的冲突已不仅仅局限在物质世界，它已经发展到了网电空间。

网电空间是一个巨大的社会技术系统，人类是其中的一个重要组成部分。目前，入侵检测系统主要用于网络流量分析以阻止恶意活动。证据表明，网电攻击与社会、政治、经济以及文化冲突（Social，Political，Economic ，Cultural，SPEC）息息相关。这些攻击目标在于破坏现有政府、军队和商业信息系统以及其他关键基础设施的运行。攻击代理可以是黑客、数字雇佣兵、恐怖分子、敌对的民族或国家或者这些的组合。

网电空间攻击的一般特点是每个独立的攻击都是由各种形式的社会、政治、经济以及文化因素引发的。通常，社会、政治、经济以及文化因素引起大多数网电攻击，这些事件可以帮助预测应对即将到来的网电空间攻击。

网电空间攻击者的背景与动机是预测、预防和追踪网电空间攻击的关键因素。因此，社会、政治、经济以及文化因素可以用于异常行为、恶意攻击和其他漏洞爆发的早期预测。

4.1.1　网电空间攻击起因

网电空间攻击行为范围广泛，包括毁坏网站和窃取信息。Howard把网电空间攻击定义为："在计算机或网络中发生的，意在产生未授权结果的事件。"攻击的结果可以影响数据、进程、程序和网络环境的安全。

网电攻击与政治冲突、社会恐慌、宗教信仰和极端主义密切相关。下面介绍一些典型的关于社会、政治、经济以及文化的网电攻击。

1. 政治引发的攻击

网电犯罪包括政治引发的攻击，极端主义分子使用网电空间传播、攻击政治敌人的网站和网络、偷窃钱财资助自己的活动，计划协调现实世界的攻击行为。基于攻击的特点,政治引发的攻击可以进一步分为对政治行为的抗议、对法律或者公众文件的抗议、反对法案的暴力行为。

(1)对政治行为的抗议。

1998年6月,黑客攻击了印度的Bhabha原子能研究中心网站,以抗议核试验。黑客们在网站上张贴文章并破坏数据。

1998年9月,印度尼西亚,攻击网站抗议东帝汶滥用人权——葡萄牙黑客修改了印度尼西亚的40台服务器的网站。黑客在网站上粘贴了标语"Free East Timor"。

2010年3月30日,Google表示,发现针对越南异议人士的网络攻击行动,透过僵尸网络对一些人士的博客进行分布式拒绝服务(DDoS)攻击。Google安全团队经理Neel Mehta表示,有一特定的恶意程序锁定全球越南人的个人计算机,可能影响数万名用户,安装该恶意程序的计算机除了会侦测使用者的行为外,也会对政治异议人士发动拒绝服务攻击。

(2)对公众文件、政策或者法律的不满。

1995年12月,法国,对法国政府网站的网电攻击——一个叫"Srrano Network"的组织发起了几个小时的针对政府网站的攻击,抗议法国政府核能和社会政策。攻击组织者鼓励抗议者把他们的浏览器定在政府网站,从而引发了大量网络流量,使得其他用户不能进入政府网站。

1996年,美国,攻击司法部网站——通过通信规范时,几个抗议者删除了美国司法部网站的内容。

2008年3月28日,为报复政府对网络色情作品下禁令,一群黑客集体攻击了印度尼西亚信息部官网。黑客攻击者在信息部官网(www. depkominfo. go. id)留下这样一条信息,"这证实了网络规则掩盖不了政府的无知"。信息旁边是一张当地信息技术专家的照片,这名专家就是建议政府实行新信息法的人。当时,遭黑客封屏的页面被传送到新闻网站Detik. com以及网络聊天室里。

2. 社会文化引起的攻击

社会文化冲突可以看成是个体间或团体间对不同目标、稀缺资源或者权利的竞争，包括剥夺他人控制权。跨文化冲突也表现为伦理冲突。

3. 经济引发的冲突

经济形势的恶化也是引发网电攻击的诱因。在网电空间也存在网电雇佣和有组织的攻击者同盟。

2008 年至 2009 年，由于经济衰退，一些 IT 专业人士转向网电犯罪。

2011 年 3 月 4 日，韩国 40 个主要网站遭到分布式拒绝服务攻击，涉及总统府青瓦台、外交通商部、国家情报院等政府部门，国民银行等金融机构，以及著名搜索引擎 NAVER 等企业。

4.1.2　可视化网络攻击

大多数网电攻击是由政治和社会因素引起的。相反地，由经济引起的攻击相对少，这种因素引起的攻击是近些年才出现的。2001 年报道的重大事件表明，纯粹由政治因素引发的攻击正在减少。

随着时间的推移，网电攻击的类型正发生变化。早期的网电攻击倾向于攻击网站。这个趋势可能是由于早期的网络基础设施软件缺少安全措施，因此容易成为攻击目标。现在的攻击则大为不同，大多数为分布式拒绝服务攻击，这涉及到一个复杂的集体控制大量的计算机以攻击政治对手。其他的攻击涉及隐身的、有针对性的、复杂的攻击。

4.2　网电空间安全和保障

网电安全和保障对策是在遭到攻击期间或之后所采取的动作，是防御策略的一部分。对策可以是主动的或是被动的。主动对策可对尝试的攻击做出反映，以便破坏攻击者。被动对策可以增强一个团体对其关切的保护水平。网电安全措施主要包括以下几方面。

（1）认证、授权和信任管理。

（2）访问控制和权限管理。

（3）攻击保护、预防和先发制人。

（4）大规模网电空间态势感知。

（5）自主攻击检测、警告和响应。

（6）内部威胁的检测和消除。

（7）检测隐藏的信息和隐蔽信息流。

（8）恢复与重建。

（9）痕迹跟踪。

下面讨论网电空间攻击和威胁。

4.2.1 攻击保护、预防和先发制人

1. 攻击的概念

网电空间攻击是为了破坏指定目标,使用网电空间武器的一次进攻。攻击者通过非法访问网电空间,威胁数据的完整性、可用性、不可否认性或机密性。网电空间防御者需要采取一定的安全措施和技术,如数字签名技术、加密技术、认证技术、密钥管理技术等提高网电空间的抗攻击、抗干扰和系统抗攻击、损害和破坏的能力。

2. 防御措施的重要性

网电空间防御对策是为了应对攻击者发动网电空间攻击,采取特定的网电空间防御策略。防御对策包括主动防御和被动防御。主动防御对策指对网电空间攻击做出主动反应,以达到破坏攻击者的目的。被动对策指预先采取一些安全措施,如对数据加密以保护机密性。

入侵检测、加密和数据完整性保护等安全机制是网电空间安全中必不可少的功能。它们的目标是提高数据的机密性、完整性以及拦截恶意攻击的能力,从而防止数据被篡改、插入、替换、读取。加强网电空间防御能力,有助于降低攻击者发现系统漏洞的概率。

3. 针对黑客攻击的技术现状

目前,各国的法律法规体制政策要求机构和其他组织能够对攻击做出反应,防止扰乱、隔离受到侵害的网电空间等。现有的很多信息安全产品主要用于被动检测入侵工具,它的原理基于数字签名算法,使用

身份认证协议来识别未经授权的访问。这些信息安全产品只能提供有限的保护，并且需要不断更新，尽量保证网电空间的安全。

4.2.2 自主攻击检测、警告和响应

1. 自主攻击检测、警告和响应能力的概念

自主攻击检测、警告和响应能力可以使网电空间检测到正在遭受的攻击，提醒操作人员采取相应的防御措施。目前，数字签名技术可以检测到某些类型的网电空间攻击，并提供相应的预警。唯一的缺点是不能检测到其他类型的攻击，防御能力有限，很难自主采取行动来保护系统并对其进行维护以保持其运作。自主攻击检测需要基于预定义数字签名算法和动态学习技术的下一代工具。将这些技术加以整合，并把传感器分布到主机和网络层，以应对来自外部和内部的威胁。自主响应不仅应包括预警，而且应该在受到攻击时采取一定的防御措施，以减少攻击造成的损失。

2. 自主攻击检测、警告和响应能力的重要性

当网电空间遭受物理攻击时，造成影响可能是巨大的。入侵检测和预防机制并不能成功阻止恶意代码和蠕虫的所有攻击，这些病毒能够迅速传播到网电空间中。网电空间防御措施应该采取一定的安全策略，把它部署到网电空间的所有层次中，能够及时预测网电空间可能遇到的安全威胁，基于博弈论的安全防范措施得到重视。因此，必须开发可以动态处理日益复杂的攻击技术的新工具。现有的威胁包括从专业黑客的脚本攻击到特洛伊木马、病毒、自我复制的代码及其他威胁，因此，需要新的自主攻击检测和预警技术。

目前，新的网电空间蠕虫的传播会引发几种不同的操作。

（1）网电空间运营商试图通过配置交换机、路由器和防火墙阻止蠕虫病毒。

（2）设计新的数字签名并通过反病毒和入侵防范系统阻止蠕虫。

（3）发布新补丁来修复系统的根本性漏洞。

如今，有效的反应时间范围可以从数小时至数周，但有时需要 1s 一下的反应时间来处理攻击，如闪现蠕虫。只有先进的自主反应技术才可以提供如此快速的保护。

4.2.3　检测和消除内部威胁

1. 内部威胁定义

内部威胁是指怀有恶意目的的人对自己机构的网电空间进行恶意的破坏，影响着网电空间数据的机密性、完整性等基本的安全属性。在网电空间中，内部威胁可以狭义理解为授权用户存在潜在的违反系统安全行为。如恶意利用、盗窃、破坏数据或危害网电空间的通信资源。

2. 防止网电空间内部威胁重要性

美国对网电空间内部威胁极为重视，在美国国家情报体系和美国国防部，只有特定的成员才能接触到机密信息。最为严重的威胁之一是值得信赖的内部人士以恶意方式利用特权进行中断操作、损坏数据、泄露敏感信息或危害 IT 系统。事实上，一些针对情报体系最具破坏力的网电空间攻击都是由内部人员发起的。随着共享信息逐渐增多、访问量加大，敏感信息的泄露可能导致严重的后果。如金融信息、人们的健康日志、网银、电子交易等，同样面临来自内部的威胁。

4.3　网电空间攻击分析

本节将通过案例分析，阐述攻击范围、结果和原理，有助于加深对网电空间攻击的认识，如图 4.1 所示。

网电空间攻击的直接参与者(攻击者和受害者)是计算机，但攻击背后是有某种恶意动机的主体。网电空间攻击中攻击者类型是基础组成部分，因为这些主体是物理世界向网电世界事件过渡的第一个节点。理解并密切关注 SPEC 事件引发的可能存在的网电攻击类型的变化，有助于预测网电攻击。

广义上可以把进行网电空间攻击的主体分为四类："脚本小子"(为了乐趣进行攻击，技术低)；雇佣军(为了金钱进行的攻击，有组织的，有技术含量的)；社会抗议者(黑客，松散的组织)；国家(为了某个目的进行的攻击，技术含量高并有大量资金支持)。

组织机构对 IT 网络系统的依赖性越来越强，当系统不再提供服务或性能不断退化时，日常操作就会受到阻碍。当前很多的漏洞容易被

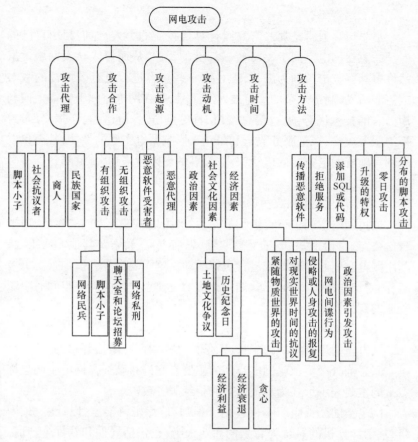

图 4.1 网电攻击

利用,世界各地的组织和个人都可以访问这些跨地域和国界的系统和网络。当前技术也使利用漏洞的组织和个人很容易隐藏、伪装自己的身份。

此外,网电空间安全的漏洞时刻在变化。信息安全专家即使发现漏洞并进行修补,黑客分析补丁,从而发现新的漏洞并且利用漏洞进行攻击。攻击者从新的补丁中发起越来越多的攻击。这样就形成了一个恶性循环,需要不断产生新的防御对策以积极应对攻击。

网电空间存在很多潜在的安全威胁。常见的攻击者主要分为以下几类。

（1）恶意黑客。

最早黑客通常是那些有高级计算机技能的个人,他们利用自己的专长恶意在网电空间上写一些破坏性的程序,从而侵入私人网络。虽然许多黑客攻击被列为滋扰,但也有一些黑客进行更有破坏性的敌对或犯罪活动,制造复杂的恶意技术和工具,并在网电空间上传播他们利用已有的技术优势,通过信息盗窃、身份盗窃、身份追踪、诈骗、分布式拒绝服务攻击、拒绝服务攻击和敲诈来影响网电空间的性能,甚至牟取暴利。随着网电空间的广泛应用,黑客的影响越来越大,世界各国有必要进行立法。

（2）有组织犯罪。

通过网电空间进行有组织的犯罪,极大地影响着人们的生活,通过身份盗窃、身份追踪、电子交易欺骗、恐怖主义、勒索及其他非法手段,利用网电空间非法赌博或进行色情活动。这需要世界各国加强防御措施,同时加强国际间的合作,制定相应的法律也是预防网电空间有组织犯罪的有力措施。

（3）恐怖分子。

网电空间恐怖组织为了社会、信仰、集团利益、政治等目的,依靠网电空间恐怖分子对依赖网电空间的主要设施进行破坏。网电空间恐怖主义的主要表现形式为篡改网页和拒绝服务攻击。

网电空间恐怖组织不仅包括工程师,计算机科学家,以计算机、网络、基于计算机的系统为背景的商业人士,也包括硬件和软件生产商。恐怖组织甚至也出售计算机产品及恶意软件。目前还没有相关的法律措施惩罚这种恶意行为,但不久的将来会出现相关的法律。

（4）国家。

很多国家在本土范围具备一定的网电攻击能力,如取证、网络保护和软件植入(如添加系统代码或者监视收集用户数据的应用软件)、法规控制、获得物理访问能力、本地电信和互联网系统。少数国家具备技术和业务能力(包括资源、后勤支持、专业知识,并且愿意承担风险)来应对网电空间攻击者的全范围操作,这些是通过招聘内部人员、设立前线公司、建立信息收集系统、在通信网络中植入有危害性的软硬件、破坏电信交换机、加密防御和供应链等来实现的。

除了利用互联网漏洞收集敏感信息,进行违法犯罪活动,攻击者还可以采取其他的方法,如利用内部人员。网电空间中恶意或敌对活动入侵网电空间获得机密信息,通过内部攻击,可以极大地降低发动攻击的复杂性。因为通过验证和授权的内部人员能够避免外部访问的障碍,可能具有合法访问权限。

网电空间受到的很多恶意攻击可能是"混合威胁",也就是利用多个漏洞或者通过多种方式传播。当这些新的威胁适应或者产生变异时,能够改变自己的攻击痕迹,以逃避侦查。攻击可以利用操作系统,在软硬件组件(如路由器和防火墙)上运行的软件可能是经常变更的。破坏加密安全进程的加密攻击试图利用一个或多个这样的攻击途径。

4.4　网电空间存在的安全漏洞

现代军事、工业、学术系统逐渐依赖的网电空间,给人们的生活、工作、娱乐等提供了巨大的方便。如何合理利用这些网电空间资源,并且保证网电空间资源的安全,是一个亟待解决的问题。如果某个关键节点或者是具有主要功能的节点群受到攻击,那么,整个网电空间的性能将受到严重的影响。

由于网电空间的攻击技术容易被攻击者掌握,所以网电空间受到极大的安全威胁。在网电空间中身份追踪、盗取公司知识产权、渗透入政府网络是相当容易的。美国网电网的新指挥官,美国国家安全局的总基思亚历山大首次承认:"美国机密网络已经被渗透。不仅未能抓住欺诈者、知识产权窃贼、网络间谍,甚至不知道他们是谁。"

每一个重要的经济、社会、政府、军事活动都依赖于系统的安全。因此,分析网电空间可能遇到的攻击和威胁是十分必要的。下面将详细阐述网电空间中存在各种形式的攻击和威胁。

4.4.1　漏洞——图结构

为了更好地认识网络中的漏洞,分析基础结构是相当重要的。为了简明扼要地说明结构对漏洞的影响,下面将讨论一些基础图论。在众多图结构中,最为重要的是以下两种。

1. 随机图

节点间拥有大约相同的链接可以构建随机图，即 Erdøs – Rényi 图，如美国本土公路系统。

2. 无尺度图

在随机图中，大多数节点只有少量的链接，只有少数的关键节点有大量的链接，这是典型的航线枢纽图。常见网络很多都是诸如图 4.2 所示的网络，是无尺度结构。在这种情况下，作为新链接的补充，高度链接节点更容易获得额外的链接，这是"富者越富"的概念。有时称这种结构为宽尾分布，与随机图情况相比较，尾值更大。

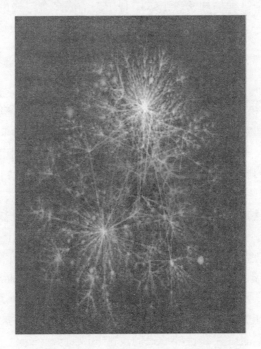

图 4.2　网络——无尺度图的一个实例

4.4.2　图表类型的漏洞

值得一提的是，为了降低网络性能而设计攻击时，攻击的类型在很大程度上取决于网络的结构。可以证实在无尺度网络中，攻击链接最多的节点可以使性能降低最多。因此,无尺度网络中集中攻击是最见成效的。然而,对于随机图,因为所有的节点几乎都等水平链接,所以集中攻击的效果大致相同。

无尺度图中的随机攻击(随机节点上的攻击)一般来说效果甚微。因为大多数节点只有少量的链接。对于随机图,随机攻击对每个节点来说效果相当,没有哪个节点更为脆弱。因此,无尺度图对随机攻击有更好的鲁棒性,决策制定者在无尺度情况下需要调配资源以保护链接最多的节点。

4.4.3 网电空间攻击恢复时间常数

另外一个值得思考的问题是,网电空间遭到攻击后恢复到先前性能所需要的时间间隔。如果以 b/s 或者事件/s 衡量网络性能,那么,性能下降百分比乘以网络中断时间可以得到比特或者事件。动态响应,如时间常数(恢复到之前性能 62.7% 所需时间),可能是一个重要的衡量。显而易见,恢复时间常数小的网络可以尽快恢复,且网络性能下降的影响最小。

4.5 主动网电空间攻击模型

随着对网电空间依赖性的增强,网电攻击漏洞问题变得不容忽视。网电空间攻击主要是破坏或者禁用支持企业的操作的网电系统的功能和资源。网电空间攻击包括远程或者本地连接的计算机操作、数据库的非法访问或者是通过逻辑或者技术手段降低系统安全性的程序执行。

传统上,网电空间攻击仅用单一的方式攻击漏洞。尽管这种单点攻击频繁发生,但是由于信息安全专家已经采取了防御措施,因此单点攻击意义不大。如今,网电空间攻击多为复杂的多级攻击,它通过协调不同单点攻击的效果已达到多级攻击的目的。网电攻击的多样性和复杂性,促使了网电空间防御层次结构的建立。

基于漏洞的网电空间攻击技术动态基于具体的策略,需要合理的评估方法以实现动态攻击技术而不是漏洞分析工具。

评估漏洞最好的方法是对网电空间的实际攻击进行仿真,即依据网电空间攻击模型产生合成网络攻击事件。根据对网电空间攻击的仿真,可以识别漏洞并制定防御机制。

4.5.1　相关知识

1. 攻击树

B. Schneier 给出了使用攻击树的攻击系统,其中每个节点的子节点执行操作,根节点代表攻击的目标。有两种类型的节点:OR 节点和AND 节点。T. Tidwell 和 R. Larson、K. Fitch、J. Halej 提出了描述攻击的某种语言,扩展了攻击树模型。每个节点有三个属性:先决条件、子目标和后置条件。先决条件是系统环境属性,它促进攻击模型的执行。子目标是子节点。后置条件随着系统和环境的变化而变化。

提出攻击树模型的目的是描述入侵,这些模型不能识别漏洞或者预测新的攻击。

2. 攻击图

S. Jha 和 O. Sheyner、J. Wing 描述了攻击图,它可以简洁地表示系统中所有的路径,并以入侵者成功达成目标为结束状态。使用攻击图是为了检测、防御和取证。

积极网电空间攻击建模的主要目的不是检测或取证,而是在黑客发动攻击前阻止入侵——识别网络系统漏洞。

4.5.2　主动网电攻击模型

主动网电攻击模型包括两个代理、两个模块、行为控制器和攻击损失评估器,如图4.13 所示。

1. 代理

(1) 情报、监视和侦察 (Intelligence, Surveillance and Reconnaissance, ISR) 代理。

当 ISR 代理从行为控制器接收到攻击目标时,它可以搜索目标系统的网络信息或者配置属性,包括目标系统的网络和安全设备、软件和应用、IP 地址和开放端口等系统规格信息。它们使用如网络或者漏洞检验等自动工具。此模型支持 ISR 代理间的交互,代理间的通信信道

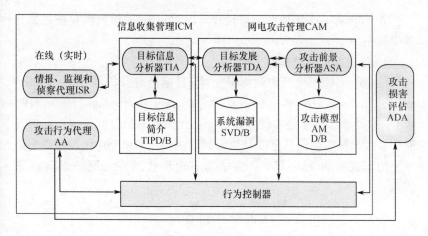

图 4.3 主动网电攻击模型

连接起来,以交换知识和收集的信息,通过合作达到它们的目标。任务完成后,ISR 代理把收集的信息发送给目标系统的信息分析器。

（2）攻击代理。

攻击代理在目标系统最薄弱环节(即主要影响节点)实施攻击操作。它们从行为控制器接收当前目标系统的信息、攻击场景和攻击的最终目标。攻击代理一旦开始实施攻击,行为控制器就不会干涉攻击代理的行为,因为攻击代理是可以执行决定的自治代理。攻击行为是执行攻击场景实际的活动,攻击场景包括攻击树和攻击样式。攻击完成后,删除攻击路径,使用后门或者子节点删除日志文件或者替换通常使用的系统命令等。然后,攻击代理发送行为结果给攻击损坏评估分析器。建立攻击代理时,需要考虑下面的问题。

① 不可追溯性。掩饰攻击起源的能力。为了实现不可追踪性,很多攻击代理在源代理和执行目标或子目标的代理间插入中间代理。

② 允许的噪声。允许代理商制造的噪声水平。可以通过其他代理隐藏主要的攻击代理。

③ 攻击成功率。决定优先权,它会决定通过其他特点成功执行行动。

④ 攻击行为时间。每个代理都给定了一个执行操作的时间限制。计划发动攻击需要它,因为它通常包含一系列的依赖步骤。

⑤ 零时差。关键资源允许使用零时差攻击,关键资源仅在主要任务中使用。

2. 信息收集管理模型

信息收集管理模型由两部分组成:目标信息分析器(Target Information Analyzer,TIA)和目标信息简介(Target Information Profile,TIP)D/B。这个模型的主要功能是过滤 ISR 代理的原始数据并仅为目标发展分析仪提供需要的信息以利用漏洞的核心。如果 ISR 代理发送网络系统的新数据给 TIA,TIA 会要求所有 ISR 代理发送网络系统的新信息。

4.5.3 网电空间攻击管理模型

网电空间攻击管理模型包括以下部分:目标发展分析器、系统漏洞、攻击场景分析器、攻击模型。主要功能是发现攻击节点并建立攻击场景。

1. 目标发展分析器(Target Development Analyzer,TDA)和系统漏洞(System Vulnerability,SV)D/B

目标发展分析器需要一个弱节点,以对目标系统造成严重损害。即在特定攻击情况下,弱节点是黑客完成攻击目标的最后一个节点。目标发展分析器建议弱节点先于攻击场景分析器。当发现新漏洞时,系统漏洞更新漏洞列表。

2. 攻击场景分析器(Attack Sceario Analyzer ASA)和攻击模型(Attack Method,AM)D/B

用来产生对弱节点的最有效的攻击。它基于攻击树和样式建立新的攻击场景,或者修改现有的攻击场景。然后,把弱节点和攻击场景送给行为控制器。攻击包括两个部分:攻击树和攻击方法。攻击树提供基于攻击方式的方法。图 4.14 给出了一个攻击树的例子。根节点表现出最终的攻击目标。为了实现终极目标,每个节点必须实现它的子目标。它包含和、或和 CON 分解操作。AND 操作表示每个节点必须实现它的子目标。OR 操作表示为了实现上层目标,至少一个节点必须实现子目标。CON 操作表示考虑到攻击形势或者目标系统环境,为了达到上层目标可以使用也可以不使用。

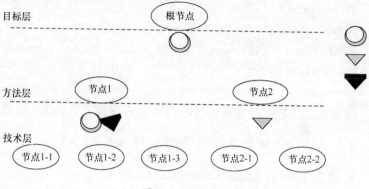

图 4.4　攻击树

攻击树可以分为三层。目标层是攻击的最终目标,方法层描述了实现最终目的攻击路径,技术层是执行攻击行为的实际过程。

攻击模式通常表示在特定情况下出现的蓄意攻击,包括攻击目标、弱节点、先决条件、攻击执行阶段和后置条件。目标是特定攻击模式的终极目的。先决条件是达到每个节点目标所必须的,攻击者或者目标系统的状态条件,包括攻击技术,资源,接入以及攻击者需要知道的目标系统的环境、配置等知识。后置条件是成功执行攻击后目标系统的变化。列出攻击模式以说明攻击树参考节点的透明度。因为攻击树的层级结构,所以可以把根节点到子节点的行为过程联系起来。用序列1、2、3 来描述攻击场景。

An ultimate purpose of attack

Goal

MPI

Pre – condition

Attack

AND – Comp. ，OR – Comp. or CON – Com.

Post – condition

A sub – purpose of attack

Sub – Goal

Sub – MPI

Pre – condition

Attack

AND – Comp. , OR – Comp. or CON – Com.

Post – condition

无论攻击代理的行为成功与否,AM D/B 保存并更新下一次攻击。

4.5.4　行为控制器和攻击损失评估器

1. 行为控制器(Action Controller,AC)

它控制两个代理和两个模块。为 ISR 代理指明攻击目标,收集与攻击相关的信息,并从两个模块收集相关信息,传送给攻击代理。它还传送给攻击代理时间戳限制攻击行为以避免被目标系统的安全管理员检测到。开始攻击操作后,它不干预攻击代理活动。它只干预攻击代理,因为攻击代理把问题和故障报告给它。行为控制器可以无延时做出决定,解决攻击行为代理的问题和故障,减少攻击行为时间和行为控制任务负载量。

2. 攻击损害评估(Attack Damage Assessment,ADA)分析器

用它来估计攻击行为对目标系统造成的危害程度。即 ADA 分析器评估攻击代理是否准确地对 MPI 进行了攻击场景,MPI 受到的危害程度以及攻击代理是否达到了最终的目标。连续攻击过程完成后,模型提供 ADA 结果,包括攻击过程和场景、MPI 确认、每个元素的功能和对应的容量等,以提高代理和模型的功能。

主动网电攻击方法用来评估系统中的漏洞。不论目标系统环境和攻击过程何时改变,自动代理、ISR 和攻击代理都可以自行解决问题。行为控制器可以无延时、高性能的控制模块和代理。在攻击过程中如果攻击代理报告出现问题,AC 可以改变攻击场景。

ASA 建立攻击场景,它使用攻击树和攻击方法。攻击场景表示攻击的路径和方法。攻击树表示从子节点到顶节点层级结构序列。在攻击树中调整序列,可以减少攻击代理的存储负载和传输过载。攻击模式定义了攻击方法和技术。当行为控制器需要时,ASA 可以提供攻击场景,因为 ASA 一直为适应 MPI 的攻击场景。为了减少不必要的系统资源浪费,攻击损失评估分析器与其他模块不进行实时的操作。

4.6 小　　结

随着现代生活对网络系统的依赖性不断增强,网电空间受到攻击问题不容忽视。4.1节通过实例,从社会、政治、经济以及文化冲突等方面,详细阐述和讨论了网电攻击的起因,使读者对网电攻击起因有深入的了解。4.2节介绍了网电安全和保障的相关概念。4.3节对网电攻击进行分析,阐述攻击范围、结果和原理方面的内容,有助于加深对网电空间攻击的认识。4.4节介绍网络中存在的漏洞。评估漏洞最好的方法是对网络系统的实际攻击进行仿真,即依据网电攻击模型产生合成网络攻击事件。4.5节对网电攻击模型进行分析,识别漏洞并制定防御机制。

参 考 文 献

[1]黄开木, 孙宇军, 粟琳. 有关赛博安全基础性关键术语解析[J]. 中国信息界, 2012
(1): 62 – 66.

[2]Sharma A, Gandhi R A, Mahoney W, et al. Building a Social Dimensional Threat Model from Current and Historic Events of Cyber Attacks[C]//Social Computing (SocialCom), 2010 IEEE Second International Conference on. IEEE, 2010: 981 – 986.

[3]Myers M D, Tan F B. Beyond Models of National Culture in Information Systems Research[J]. Advanced Topics in Global Information Management, 2003, 2: 14 – 29.

[4]Schneier B, Shostack A. Breaking up is Hard to Do: Modeling Security Threats for Smart Cards [C]//USENIX Workshop on Smart Card Technology, Chicago, Illinois, USA, http://www. counterpane. com/smart – card – threats. html, 1999.

[5]Howard J D, Longstaff T A. A Common Language for Computer Security Incidents[J]. Sandia National Laboratories, 1998.

[6]Hundley R O, Anderson R H. Emerging Challenge: Security and Safety in Cyberspace [J]. 1995.

[7] Gandhi R, Sharma A, Mahoney W, et al. Dimensions of Cyber – Attacks: Cultural, Social, Economic, and Political[J]. Technology and Society Magazine, IEEE, 2011, 30(1): 28 – 38.

[8] Arquilla J, Ronfeldt D. Networks and Netwars: The Future of Terror, Crime, and Militancy [M]. Rand Corporation, 2001.

[9] Manion M, Goodrum A. Terrorism or Civil Disobedience: Toward a Hacktivist Ethic[J]. ACM SIGCAS Computers and Society, 2000, 30(2): 14 – 19.

[10] Handelman M. French embassy in Beijing under cyber – attack. infosecurity. us. Dec. 12, 2008[EB/OL]. http://infosecurity. us/? p = 4408.

[11] Herman S. VOA's Steve Herman reports from Tokyo. Globalsecurity. org, 2005[EB/OL]. http://www. globalsecurity. org/security /library/news/2005/01/sec – 050106 – 3f7c3184. htm.

[12] Avruch K. Cross – cultural Conflict[J]. The Encyclopedia of Life Support Systems (EOL-SS), Oxford, UK: UNESCO, Eolss Publishers. Access at: Http://www. eolss. net, 2002.

[13] Cyber – conflict and Global Politics[M]. Routledge, 2008.

[14] R. McMillan, "China Becoming the World's Malware Factory," Network World, 2009 [EB/OL], http://www. networkworld. com /news/2009/032409china – becoming – theworlds – malware. html.

[15] Buttyan L, Hubaux J P. Security and Cooperation in Wireless Networks[M]. Cambridge: Cambridge University Press, 2007.

[16] Turner D, Entwisle S, Friedrichs O, et al. Symantec Internet Security Threat Report[J]. Trends for January, 2004.

[17] Repperger D W, Haas M W, McDonald J T, Ewing R L. Cyberspace and Networked Systems – Paradigms for Security and Dynamic Attacks. In: Proceedings of the IEEE National Aerospace and Electronics Conference, 2008.

[18] H. Jeong. Structure and Dynamics of Complex Networks. Plenary Lecture, Gold Coast, Austral-ia, July 2 – 4, 2007. Boccaletti S, Latora V, Moreno Y, et al. Complex networks: Structure and dynamics[J]. Physics reports, 2006, 424(4): 175 – 308.

[19] Repperger D W, Roberts R G, Lyons J B, Ewing R L. "Optimization of an Air Logistics Sys-tem via a Genetic Algorithm Model," Submitted for Publication, International Journal of Lo-gistics Research, May, 2008.

[20] Repperger D W Ewing R L. "Quantitative Biofractal Feedback – Part I – Overview – Bio-fractals," NATO – RTO presentation, May, 2008, to be Published as NATO – RTO – MP – IST – 999, December, 2008.

[21] Eom J, Han Y J, Park S H, et al. Active Cyber Attack Model for Network System's Vulnera-bility Assessment[C]//Information Science and Security, 2008. ICISS. International Confer-ence on. IEEE, 2008: 153 – 158.

[22] Overill R E. Information Warfare: Battles in Cyberspace[J]. Computing & Control Engineering Journal, 2001, 12(3): 125 –128.

[23] Carver C A J, Surdu J R, Hill J M D, et al. Military Academy Attack/defense Network [C]//3rd Annual IEEE Information Assurance Workshop, West Point, NY. 2002.

[24] Daley K, Larson R, Dawkins J. A structural Framework for Modeling Multi – stage Network Attacks[C]//Parallel Processing Workshops, 2002. Proceedings. International Conference on. IEEE, 2002: 5 –10.

[25] B. Schneier. Attack Trees: Modeling Security Threats. Dr. Dobb's Journal.

[26] Tidwell T, Larson R, Fitch K, et al. Modeling Internet Attacks[C]//Proceedings of the 2001 IEEE Workshop on Information Assurance and security. 2001: 59.

[27] Jha S, Sheyner O, Wing J M. Minimization and Reliability Analyses of Attack Graphs[R]. Carnegie – Mellon Univ Pittsburgh pa School of Computer Science, 2002.

[28] Futoransky A, Notarfrancesco L, Richarte G, et al. Building Computer Network Attacks[J]. arXiv Preprint arXiv:1006. 1916, 2010.

第 5 章　网电空间安全防御战略

自网电空间概念提出以来,不同领域的人们从不同角度对其进行了多种定义。在自然科学界,美国新奥尔良大学将网电空间定义为"是一个非物理空间,计算机网络在其内部进行交互"。而美国普林斯顿大学的定义为"由世界上所有计算机网络构成的计算机网络,采用 TCP/IP 协议进行数据传输和交换"。此外,美俄联合小组把网电空间定义为:创建、传输、接受、存储、处理和删除信息的一种电子媒介。

2010 年,为了打击敌对国家和黑客的网电攻击,美国政府成立了"网电司令部",以网电防御作战为主要任务。2010 年,澳大利亚国家网电安全运行中心成立,旨在保护信息安全,维护澳国家利益。可以看出,网电空间、网电安全等日益成为国家、政府、普通民众关注的焦点。

在当今时代,网电空间是一个地球环境的扩展,如同大海、天空和外太空一样,被视为人类的共有财产。

5.1　网电空间安全防御面临的问题

目前,网电入侵者可以毫无声息地进入一些加密系统,在系统中加、解密数据,提取数据,添加或删除数据,影响网电空间数据的安全。这是一个相当严重的安全问题。如果在加密系统中都会发生这样的情况,那么,不难想象在未加密系统中的情况会更加糟糕。

网电攻击是为了破坏指定目标,使用网电武器的一种进攻。北大西洋公约组织标准化局(NSA)把计算机网络攻击定义为"为了破坏、拒绝、退化或毁灭计算机或计算机网络本身以及其中驻留的信息所采取的动作"。并在其注解中说:"计算机网络攻击是网电攻击的一种类型。"

当网电攻击为了表示抗议时,通常会在物质世界的某个触发事件发生后立即发生。相反地,很多攻击(协调的和未协调的)是先于或者与某次军事攻击同时发生的;网电攻击也被用来对某日或某个纪念日宣泄愤怒;如在缅甸军队起义失败1周年纪念日那天,缅甸网站遭受了毁灭性的网电攻击。同时,也出现了控制关键基础设施的恶意软件系统。这样的恶意软件在遭遇危机时会被激活或者与大规模军事行动协调一致。

目前,安全环境所提供的一些因素会成为攻击者的优势。攻击者只要找到一个漏洞,而防守者却需要消除所有的漏洞。强大的攻击工具,包括恶意行为的自动化工具,可以很方便地在互联网上免费下载到,且不需要冒风险。这些用来发动潜在攻击的资源——包括训练和装备,不仅容易获得,而且相对比较安全,应对攻击的成本更加便宜。

5.2 网电空间的免疫系统

因特网爆炸性增长,引起了计算机病毒在全球范围内蔓延。如果用户想从关系循环中移除新病毒,唯一能快速应对的方法就是将本人从响应循环中移除。从计算机病毒和生物病毒的相似性出发,我们设计了一个网电空间的免疫系统,该系统能够在一个新病毒首次被检测到的几分钟内,自动地产生和传播相应的反病毒数据。

5.2.1 先天免疫系统

在计算机免疫系统中,它必须在做出特定的免疫反应之前先确定病原体的存在。像生物免疫系统一样,它结合了自身知识和种类广泛的潜在病原体的一般知识,用来发现主要类型的新计算机病毒,将大部分病毒整合到反病毒系统中。

为了检测文件是否感染病毒(感染".EXE"和".com"项目的病毒),可以用两种方法:第一种是基于"通用杀毒"的技术;第二种是通过特有的机器代码特征识别潜在病毒的分类器。

1. 通用杀毒

通用杀毒探索方法的基本原理是将被病毒感染的程序从其感染状

态 F′还原到它的原始非感染状态 F。原因是在病毒已经实现其自身功能后,对它而言最好的"隐身"方法是使其宿主文件继续保持正常。这就意味着病毒必须能够以原来的方式重建宿主。另一方面,一些合理的改变像更新版本,由于存在过多改变,很难恢复到原样。因此,执行通用杀毒是一个很好的确定文件是否感染病毒的方法。

例如,在防毒系统中,探索方法工作原理如下。当产品第一次被安装,每个安装文件的指纹将被计算并存储在数据库中。指纹由少于每个程序 F 的 100 个字节信息组成,这些信息包括信息的大小,日期和各种校验和。在随后的系统扫描中,指纹将会被重新计算,并与之前。如果有改变,则程序的新版本 F′将被检测为未知病毒。如果变化不能归咎于任何已知的病毒,那么,通用杀毒算法试图根据指纹从新版本 F′重建源程序 F。

值得注意的是,通用杀毒算法可以重建被有限种类的病毒所覆盖的感染程序,这些覆盖病毒使用病毒本身代替宿主的一部分,以使宿主信息总长度保持不变。

通用杀毒探索方法有着极低的误报率,以及非常低的漏报率:在实验中,它捕获了超过 99% 的非重写病毒感染。可重写宿主的病毒比例大约占 15% ,由于这些病毒是有害的,可以很快被发现。实际上,通用杀毒极其有效。当然,也有一个弊端:在未受感染区是限制捕捉病毒的。但是,当文件传染者蔓延到所有的机器上时,通用杀毒算法是可以捕捉到它们的。

2. 病毒分类器

作为检测未知病毒的第二种方法,病毒分类器不需要程序未感染版本的原始信息。它将病毒和非病毒的信息作为输入,从而输出一个用于检测病毒的分类器。对很多病毒的分类特征都是短字节序列。在一个标准的文本数据结构算法中使用后缀数组发现候选特征。分类器本身是一个简单的超平面分离器:样品中每一个字符串发生吻合的次数,分别乘以权重再相加,如果总数超过了某一个阈值则认为该样品可能是病毒。从数千字符串中,反复地进行特征选择以及相应特征权重的确定,这个过程是由新型的线性规划技术完成的。

引导区分类器使用了 33 ~ 34B 的分段,它的误报率相当低,少数特殊引导区为计算机启动提供增强的安全性,因为它做了几件与病毒类似的操作。从 1994 年"神经网"引导病毒检测器在防毒中首次部署以来,已经检测到了大约 75% 的引导区病毒。近来对分类器的改进已经使检测率提高到了大约 90% 。

文件感染病毒分类器有大约 5B 特征的 1000 个分类器。为了躲避杀毒软件,一些病毒使用简单的加密形式,它们使用自己的机器码和重复 1~2 个自己的密钥进行异或。因此,不直接使用机器码分段作为特征,而是使用与这种加密对应的变换。特别地,从 7B 分段中得到的 5B 特征是它的第二阶异或差。通过计算文件的不变量,计算在这些不变量中每个特征发生的次数,以及计算阈值、特征吻合的加权和来对文件进行分类。

3. 发现新的宏病毒

"宏病毒"是感染 Microsoft Word 文档和电子表格文件又一类病毒。发现新的宏病毒的一般策略就是监视所有潜在的宿主,记录某些位置细节和任何它们包含的宏信息以及审查发生的任何改变。这些数据的某些类型以及某些对象本身的特征发生改变时,用户可能会收到提醒和样本捕捉。

4. 样本捕捉

先天免疫系统是被纳入到在用户计算机上运行的防毒系统。每当一个启发式识别到一个潜在的病毒,将会捕获样本,其中包括病毒类型信息、反病毒程序版本信息等。样本通过加密来保证安全,然后采用部分免疫系统功能检测、认证和清除病毒。

5.2.2 自适应免疫系统

计算机免疫系统中的自适应组件可以被看作是对生物免疫系统自适应元素的模拟,包括抗体、B 细胞、T 细胞等。在当前的模拟来看,它不会驻留在个人计算机。相应地,探测到的假定病毒样本会被发送到中央位置,并进行分析。这样做是因为性能(该算法是 CPU 和内存密集型)和便捷性(它可以使我们专注于单一平台的开发工作)。

一旦病毒样本满足分析仪,自适应免疫系统的基本工作流程如下。

首先,样品检查,看是否含已知病毒。如果是,则立即将合适的处理方法送回染毒计算机;否则,通过样品采集的数据确定病毒类型,并且将病毒安置在适当的环境,以利于其创造出更多的样本。如果成功,进一步分析分离代码某些部分的病毒,用来提取特征等。

然后,使用模式匹配技术的"自动序列"程序来提取附件的病毒方法及其基本结构。由此看来,核查和清除病毒的方法是派生,然后提取病毒特征。

最后,测试病毒数据,并将它集成到包含所有已知的病毒完整信息的数据里。将更新发送到染毒计算机上。

1. 路由选择及初步核查

在现行的商业版本中,从染毒计算机到中央计算机病毒分析仪的路径有几个步骤。如果计算机是客户公司安装了防病毒管理版的计算机中的一台,它会将病毒样本发给主机,让管理员有机会阻止它。否则,病毒样品将通过 Internet 传播到世界各地收集了样本的计算机上去。另一台计算机将通过客户公司防火墙提取样品,同时通过另一道防火墙来分离客户公司的其他部分和免疫系统实验室。

收到样品后,在解密环境中记录发送方的地址以及样品的有关资料。用当前签名文件的副本核对样本,因为计算机有可能获取了一个稍微过时的签名的病毒文件。对迅速蔓延的病毒来说,这一步特别重要,许多独立的报告可以几乎同一时间发送到病毒分析仪。如果病毒是已知的,有关的反病毒数据可以被立即发回最初受感染的计算机;否则,用有关病毒的类型信息创造适当的环境样品,或将其路由到一个适当的环境下。接着,文件和引导型病毒样本被发送到模拟器(或真机运行的平台)。

2. 样品生成

一旦病毒样品被放置在适当的环境下,尝试使用"诱饵"来感染不同的套件。对于文件感染者,有几十个 .com 和 .EXE 格式的诱饵;对于引导感染者,有一些磁盘映像;对于宏病毒,有一些文档或扩展表。在一般情况下,最近使用的对象有可能很快会再次使用,因此,这些就是病毒渴望传播的首选目标。这样,免疫系统引诱一个假定的病毒通过执行写入、复制、打开,或以其他方式来感染诱饵程序。这种活动能吸引病毒的注意,使其仍然活跃在内存中,即使它们已经返回控制它们的主机。为了捕获病毒,不留活跃病毒在内存中,通常诱饵被放在最常使用的程序中。对于文件感染者,包括根目录、当前目录和其他目录。下一次被感染的文件运行时,它很可能会选择诱饵作为受害者之一。

每隔一段时间对诱饵进行检查,看它是否被修改。如果被修改,可以肯定有一个未知病毒,每个被修改后的诱饵都包含一个样本。

由于病毒在一定的条件下可以被复制,特别是诱饵运行在不同的设置中,日期、系统版本和其他参数也可能被改变。这有助于提高复制的机会,根据这些参数也能暴露病毒后代的差异。

3. 行为分析

对于文件和引导感染者,样品生成在仿真环境中。该模拟器会详细记录系统行为。样本生成之后,由专家系统通过规则编程分析日志来确定该病毒的行为。例如,对于文件感染者,专家系统能够在病毒感染受害者的条件下(即受害者打开、封闭、执行等)产生对可执行文件的类型的病毒可以感染的信息,以决定是否让该病毒进驻。最终这个信息将被收入"帮助"文件,用来将病毒描述给用户和病毒专家。

4. 代码/数据分离

无论是自动排序和自动特征提取,都需要知道哪些部分是病毒代码,哪些是数据。对于文件和引导感染者,使用一个被修改的80386芯片模拟器,当遇到条件分支时就可获得所有路径。当仿真完成后,被执行的代码部分确定为病毒代码,其他的作为数据。

5. 自动测序

给出几对未感染和感染"诱饵"程序(在样本创建阶段产生),使用模式匹配算法来提取独立于主机的描述、关于病毒如何附着到主机以及对病毒结构的详细描述。

首先,完成每个文件(未受感染,感染)的匹配,以便确定病毒部分(字符串只发生在感染病毒的文件)和它们的位置。然后,在条件都不变的情况下,对所有提取进行比较,以确定病毒部分(考虑到比较简单的加密账户形式,同前)。最后,找到原始文件部分,该部分可能被病毒的可变区隔离。以上描述了一个简单例子,如图5.1所示。

这种"自动排序"的分析给出了一些有用的信息。

(1)在一个染毒文件里,原始主机所有区块的地址独立于主机的

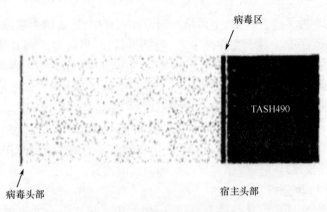

病毒区

TASH490

病毒头部　　　　　　　　宿主头部

图 5.1　TASH490 病毒的自动测序

内容和长度。这些信息由反病毒系统自动转换成修复语言。

（2）病毒成分的结构和位置。结构信息包含病毒的区块内容,这些内容是在不同的样品中是不变的,并已在代码/数据分离步骤中分离为代码分类区域的内容。这些信息有两个目的:它由防病毒软件自动转换成所使用的验证语言;它自动传递提取的特征信息部分,以便后续的处理。

6. 自动特征提取

通过自动序列产生字节序列,特征提取者必须选择病毒的特征,这种选择是为了避免伪消极和伪积极。例如,特征提取就是必须能够找到两个病毒之间的距离,并且这些病毒必须是在未受感染的机制中从未出现过的。

首先,考虑伪积极问题。通过诱饵的采样捕捉,不能显示病毒可能变化的范围。例如,非可执行的数据部分,包括数据常数、字符串、计算的工作区,其中数据部分比代码部分更多变。数据区排除了可能被考虑的签名。根据自动序列的特征,显示字节序列是不可变的。根据代码数据分离器,对于特征提取器而言,代码是理想的输入。

因此,签名提取器遗留下一个问题,就是减小伪积极的问题。在生物的免疫系统中,伪积极可能偶然地意识到自身的自动免疫疾病。在传统的反病毒软件和计算机免疫系统中,伪积极是一件麻烦的事情。

自动特征提取器可检验出一个不变的代码字节序列中出现的每一

个 S 序列连续字节,每一个估计 S 字节序列概率在正常和非受感染的项目中可找到。典型地,S 的取值范围为 16 ~ 24,由一些序列小于 5B 的输入数据序列组成概率估计,计算频率在大约 20000 个普通未受感染的项目中包括了 1000MB 的数据。运用简单的基于马尔可夫模型的公式结合频率作为概率估计,使每一个候选特征可在类似文集统计集合的项目中找到,以伪积极的最低估计概率来选择特征。

这种方法说明了概率估计不是很好的绝对估计尺度,由于代码趋向于纠正比 5B 长的序列,候选特征的相关次序是良好的,所以这个方法通常选择最有可能签名的其中之一。这种特征提取器已经使用多年,通过反病毒产生数字签名判断低伪积极的特征。

7. 测试和综合

通过检测到的病毒样本来测试提取特征,在不受感染的文集中,产生一个真正积极的签名。在删除治疗处方时,测试每一个受感染的诱饵来确保它,在应用时,这些处方将会产生作用。对于每一组新诱饵,采样的每一步可以有选择地重做,同时特征和删除的信息也将会被检测出来。如果这些反病毒的数据通过了测试,将会自动综合包括所有病毒信息的数据文件。

8. 治愈回送

最终,从接收到的病毒样本将数据文件送回到客户端,并且重绘被送回的路径。在当前原模型中,更新直接被送回到客户端。在商业版本中,通过免疫系统的防火墙送出更新,然后通过防火墙到达收集器,再从客户公司的防火墙到管理机,最终传递到计算机上。

9. 治愈管理

如果治愈方案被接受,管理者将自动地分别治愈各种机器,包括原本就被发现的病毒。

在当前原形和商业版本中,计算机用户接受来自反病毒的更新,所有潜伏在系统中的复制病毒可被侦查到,用户可选择不同的杀毒功能。

在商业活动中,可在反病毒网站上找到免疫系统实验室的病毒数据库文件,当这些病毒被发现时,全世界的用户也就可以知道并且对抗这些新病毒,他们还可以下载更新。

5.3 安全防御的国家战略

5.3.1 概述

网电空间是基于对国际标准通信协议的积极利用。例如,可以利用传输控制协议和互联网协议(TCP/IP)来发送和接收数据包和信息。TCP/IP 允许数据包流和信息流通过计算机网络,包括互联网。TCP/IP 由国际标准组织(ISO)标准化为开放系统互联标准(OSI)模式,作为互联网网络的基础。数据包是网络通信的基本单位。它们是在通过网络发送信息时,把信息化分为更小单位的标准方式。IP 报头是计算机网络的重要组成部分,它包含信息有关的源地址和目的地址。计算机需要这些数字组成的字符串来连接其他互联网或其他网络上的计算机。所有的网络硬件必须有一个有效 IP 地址才能在网络上工作。接收机根据每个包的报头信息重新创造出新的数据包,这些报头将告诉计算机如何从数据包重新创造出信息。如果没有 TCP/IP 协议这样的国际标准,那么,接收机读取数据包将没有保证。

域名系统(the Domain Name System,DNS)允许人们使用统一资源定位器(Uniform Resource Locators,URL)在互联网上同其他计算机通信。人们可以通过在一个网络浏览器中输入统一资源定位器"http://www. pnsr. org"来取代形如 67. 192. 169. 178 的 IP 地址,以连接到相应的 IP 地址。这使得万维网具有用户友好的特点。IP 地址居于 DNS 的数据库中的根服务器,该服务器允许将 URLs 翻译为 IP 地址。例如,. com 或 . org 的顶级域名由曾经是在美国商务部(the Department of Commerce,DOC)的主持下运营的互联网名称与数字地址分配国际机构(Internet Corporation for Assigned Names and Numbers,ICANN)维护和更新的。ICANN 现在是一家私营实体,负责管理和维护 DNS 数据库的 13 个根服务器,以保持全球互联网通信的畅通,依照与美国商务部达成的谅解备忘录(它是有关国家证券监管机关之间签署的就某些具体事项进行相互合作或协助的意向性文件)来运营。

属于域名系统部分的计算机网络对电子攻击是开放的。显然,计算机安全人员并不打算采取措施来保护域名系统。常见的攻击包括拒绝服务攻击(Denial of Service,DOS)和分布式拒绝服务(Distributed Denial of Service,DDOS)。在这两种攻击中,大量的无用数据被发送到服务器,使系统超载无法工作。DOS 攻击更为复杂,它会通过恶意软件来控制全球成千上万的计算机,允许攻击者进行大规模的 DOS 攻击。根服务器操作者必须长时间学习技术、速度、技巧和经验。即便如此,对 DNS 系统的成功攻击将意味着互联网将无法运行,直至计算机程序员将其恢复过来。然而,也存在着一个很低的概率,DNS 出现冗余。NSSC(National Security Strategy to Secure Cyberspace,网电空间国家安全策略)确定如互联网协议版本 4(IPV4)、DNS 以及边界网关协议(the Border Gateway Protocol,BGP)的互联网协议是容易出现安全问题的。这一点很重要,因为重要的基础设施都是通过这些协议联网的,因此其主要功能就有可能被远程侵入。现在出现了由大学引导的大力发展下一代网络服务的运动,如 Internet2。这一新的互联网目前处于研究阶段。然而,由于互联网将作为网电空间的全球元素而继续存在,由 Internet2 的通信协议所提供的增强的安全并不能在短期内使广大用户受益。由互联网工作任务组开发的互联网协议版本 6(IPV6)是另一个由私有部门引导的下一代网络成果。该协议被视为比 IPV4 更安全,原因之一就是它提供了更多的可用的地址空间,从而建立了一个能抵抗DOS、DDOS 以及其他恶意进攻的系统。认识到 IPV6 安全的优越性,NSSC 要求美国商务部审查并促进其部署,这也受到了美国国家标准研究院(the National Institute of Standards,NIST)的支持。然而,NIST 表示:"IPV6 的关键设计问题仍未解决。由于美国政府已开始对 IPV6 技术进行重要的部署,所以仍需要确保解决这些设计问题,使美国政府的需要和投资相一致。"网电空间安全所面临的挑战在于上述技术的复杂性。网电空间是一个动态环境,不存在完美的防御,攻击者有多种方法来阻止一个网络服务于用户。此外,如果针对一个特定的网络的攻击过于困难,那么,消除其所支持的子网络同样有效。

5.3.2 保障网电空间的国家战略

NSSC 是建立美国政府的优先权的主要策略和对网络威胁的反应

框架。它发布于 2003 年 2 月,是一个在为应对美国信息和通信技术的威胁和破坏的行政指令、总统指令和国会法案建立的多层面的框架基础上编纂的单一连贯方法。策略确定了五个关键国家网电空间安全优先权,包括创建:

(1) 国家网电空间安全响应系统;

(2) 国家网电空间安全威胁和漏洞程序方案;

(3) 国家网电空间安全意识和培训程序方案;

(4) 政府网电空间安全;

(5) 国家安全和国际网电空间安全合作机制。

根据 NSSC,美国国土安全部负责牵头协调国务院、司法部(Department of Justice,DOJ)和联邦以及地方当局对于网电安全事件的响应。由美国国土安全部网电安全和电信助理秘书长领导的国家保护和计划局的网电安全与通信办公室(Cyber security and Communications,CS&C)负责筹备及响应国家级重要的网络攻击。在网电安全和通信办公室内建立了国家网电安全部(the National Cyber Security Division NCSD),专门负责保护美国的网络资产。

美国国家应急反应框架的网络事件附件(以下简称为"网络附件")的作战方针遵循 NSSC 的组织原则。该文件提供了深入任何机构间对于一个国家级重要的网络事件反应的概念化的洞察。网络附件可能由美国国土安全部"紧急支援功能——通信附件"所支持。网络附件,包括以下功能:

(1) 针对潜在的威胁、事件和攻击提供指示和警告;

(2) 在政府内外提供包括最佳实践的信息共享;

(3) 调查协调;

(4) 事件响应及事件缓解;

(5) 分析网络漏洞、隐患和攻击方法;

(6) 指挥调查,取证分析以及检控;

(7) 确认网络攻击源;

(8) 防御攻击。

对网络攻击的第一条防线是美国国土安全部的美国计算机应急准备小组(U. S. Computer Emergency Readiness Team,U. S. – CERT),负责跟踪所有的网络事件。网电安全事件的主要机构间机制——国家网电应急协调小组(the National Cyber Response Coordination Group, NCRCG)——可以通过国家网电安全响应系统得知任何一个事件,并依靠 U. S. – CERT 对事件进行确认和分析。在一个面向全国的关键信息基础设施的网络攻击事件中,美国国土安全部(the Department of Homeland Security,DHS)/NCRCG 负责在技术因素上协助机构间咨询委员会(the Interagency Advisory Council,IAC)以促进和协调 13 个联邦代理响应,包括情报界(the Intelligence Community, IC)。NCRCG 通告与 IAC 相互协调的国土安全运营中心(the Homeland Security Operation Center,HSOC),给国土安全部部长建议是否应该将一个网络事件声明为国家级重要的攻击。在发布这样的声明后,实施对网络附件的概述的机构间响应以确定并应对攻击源。

在 2008 年前,NSSC 要求所有的联邦机构确保其自身的机密信息技术系统的安全。要求各机构必须执行三个步骤,包括:"确定和记录企业构架;不断评估威胁和漏洞,了解他们的代理业务和资产的风险;实施安全控制和补救措施,以减少和管理这些风险。"鼓励实施机构广泛控制系统配置,促进在保障机构网电空间安全的环境下对商用软件的使用。这暗示了在 NSSC 中,美国各机构在从由五角大厦的专家们为国防部评估授权的商业信息和通信技术软件中选择时,应该采取一个同国防部类似的政策。在认可了国土安全部为确保政府网络安全所履行的确保网电安全的责任所面临的挑战后,美国总统布什在 2008 年 1 月签署了指令,详细介绍了综合国家网电安全倡议书(Comprehensive National Cyber Security Initiative,CNSI),其关键要素包括:

(1)通过将门户网站的数量从 4000 减少到约 100 来限制政府网络和互联网之间的连接;

(2)制定一个被动入侵防御计划以确定未经授权访问计算机网络的实体;

(3)制定一个活跃入侵防御方案以确定任何对入侵负责的国家和个人的来源;

(4)制定一个反间谍战略以防止网络安全漏洞;

(5)制定一个程序以创建网络取证分析的反间谍工具;

（6）制定一个培训程序以增强提高安全所需的技能；

（7）融合网络运营中心中数目不详的机构的运作；

（8）开展进攻和防御目的的网络研究和开发，包括超越技术以赢得网络军备竞赛；

（9）为保护关键基础设施建立公私合作伙伴关系；

（10）制定一个由多个团队开发、辩论防止网络战争国家战略；

（11）促进联邦兼并以确保信息和通信技术的使用是安全的。

CNSI重申了在NSSC和网络附录中出现的许多要点，调整了IC的任务，进一步分配了网电安全的任务。由美国国家情报总监办公室负责的IC工作队协调入侵防御工作。这预示着IC在NSSC中设想的角色的转变，因为IC正负责监测和确保在.gov域名内的联邦非保密计算机系统的安全任务，而在NSSC中，IC只对机密系统负责。此外，该指令呼吁根据国土安全部建立一个新的国家网络安全中心（National Cyber Security Center，NCSC），以通过限制非安全外部互联网连接的数量来保护非机密政府计算机网络。因此，该指令赋予情报界一个保护美国网电空间的角色，并当其在NSSC的授权不足时，在修订其他机构和部门的角色的过程中具备了灵活性。

5.3.3 美国国防部和国土安全部防御策略

在一个国家级重大意义的网络事件发生时需要各方做出快速、协调一致的反应。2008年6月，美国政府会计办公室（the Government Accounting Office，GAO）认为，为了政府能快速采取行动，应该在美国政府内集合网电安全办公室和中心，这包含了国土安全部/美国计算机应急反应小组和国家电信协调中心（the National Coordinating Center for Telecommunications，NCC）的集合。NCC由联邦政府和电信行业共同运营，以协调参与者之间进行脆弱性、威胁、入侵以及影响电信基础设施的异常信息的交换。

美国国防部和国土安全部都是网络附件中的协调机构。和国土安全部一起，国防部的任务是在恰当的时候与其他联邦实体共同合作，以"提供攻击检测和预警能力，收集和分析信息以描述攻击行为并获得网络威胁的归属，参与信息共享，提供缓解技术，进行网络入侵诊断并提供专业技术知识。"美国计算机应急反应小组和国防部的计算机应急反应小组协调中心（Computer Emergency Response Team Coordination Center，CERT – CC）担当了两个部门间的主要通信渠道。在美国国防部，网电安全的全部责任在于应对网络战争和 JFCC – 空间全球打击的联合职能分司令部（the Joint Functional Component Command，JFCC）。针对网络攻击的防御是全球网络作战联合特遣部队和联合信息战争作战中心的任务。美国卡耐基 – 梅隆大学软件工程研究所负责美国国防部计算机应急反应小组协调中心的具体工作。在网电空间中有五个核心能力：心理操作、军事欺骗、作战安全、计算机网络作战和电子战。

1. 美国国土安全局的组织体制

在《打击国家赞助的网络攻击中：由谁来领导？》一文中，Levon Anderson 质疑了当前美国国土安全部和国防部在网电安全中发挥关键作用的政策。尽管美国国土安全部在协调国家防御和对美国网电空间的进攻的反应也起到了重要作用，Anderson 指出了国土安全部和国防部职能的重叠，如网电事件响应系统。比较国土安全部和国防部，他认为总体而言，美国国防部更适合作为响应组织的或国家赞助的网络攻击的着力点。具体来说，当响应一个网络攻击时："国土安全部也将严重依赖国防部的技术支持和对信息战的丰富经验。然而，个别美国州政府可以通过与国土安全部相配合的国家总副官控制国民警卫队资源。这可能缓解国土安全部的资源问题。然而，这不会帮助解决网络战争通过互联网扩展跨越国际边界的法律问题。所以，和国土资源部相比，美国国防部在资源（即护卫队、预备队和现役部队及其预算）、技术作战经验（每日的攻击/防御）和技术能力方面具有明显的优势。"国土资源部的网电安全响应系统对于协调机构间计划以响应网络攻击是十分重要的，因为"所有的负责机构的总的义务是需要和期盼赢得网络战争"。然而，Anderson 建议"在实际攻击中指定国防部为总指挥元素将更好地促进整体的指挥和控制以及团结"。因此，"国防部作为对于应对攻击的领导者似乎是更合逻辑的选择"，因为它仍然具有足够的作为整合机构的资源，负责对针对美国网电安全的威胁事件的军事响应。然而，国防部在美国国家紧急情况下的作战能力受到了地方保安队法（计算机 A，the Posse Comitatus Act）的限制。此外，国防部指令

3025.12 和 5525.5 也规定了军事作战的执法,主要制约了其对于内乱次数的相互作用。专家已经做出建议,地方保安队法受到了士兵和学者的误解,因为许多人认为它是由于开国者对常备军的害怕而编纂的,而不是国会对于在国内执法中使用军队的限制。有人指出,美国国防部指令 5525.5 需要更新,因为自 1986 年这一指令颁布以来,对于美国国家安全的威胁的性质已经发生了改变。即便如此,对于非执法活动的限制,在不构成国家紧急状况的情况下,使得作为负责网电安全主角的国防部只起到了微乎其微的作用。国防部和民事执法机构在不同的交战规则下运作。研究美国国内军队及参军方面法律的专家 Tomas Lujan 指出:"在决策者让我们的军队来承受之前,其情况一定具有潜在的危害(夺取的具有大规模杀伤性的核武器、生物或化学武器),美国必须对其做出反应——这是一种战争行为,而不仅仅只是犯罪。"这种观点也与网电空间相关,这样看来,对于这种紧急情况,美国国土安全部可能仍然适合作为领导者(图 5.2)。

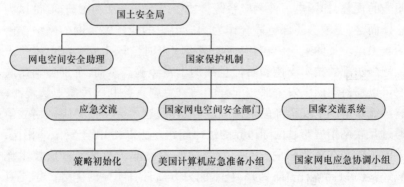

图 5.2　美国国土安全部网络防御的组织框架

2. 网络事件响应需确认进攻源

对于任何网络事件的响应都需要确认进攻源。复杂的 DDOS 攻击可能通过位于不同国家的计算机发动。这些计算机的拥有者可能完全不知道自己的系统受到了恶意软件的感染,从而允许攻击者远程接入。这样,仅仅依靠国家的努力并不能保障网电安全。相反,确保安全需要以推进全球网电安全文化发展为目标的外交政策。

NSSC 赋予了美国国务院协调全球网电安全问题的任务。美国国务院的任务包括在调查和起诉网络犯罪方面开展国际合作。属于经济局、能源局和商业事务局一部分的国际通信和信息政策（International Communication and Information Policy，CIP）小组是完成上述任务的重要的组成部分。调查网络犯罪的最紧迫的问题之一是各国的国内法律对于 ICT 的滥用迥异。双重犯罪是在引渡网络犯罪分子时的重大障碍。如果美国需要引渡一个网络犯罪分子，这样他可能会在美国的法院判刑，然而，庇护该网络犯罪分子的国家可能因其没有限制该犯罪行为的法律而拒绝。例如，感染了互联网上 10% 的计算机、在全世界范围造成 50 亿美元损失的"我爱你病毒"的制造者 Onel A. de Guzman，正是因为菲律宾国内没有禁止计算机病毒程序的法律而成功地逃脱了起诉。这样，国内法律在国际上的协调统一就成为了保障网电安全的关键因素。

NSSC 确定欧洲网络犯罪理事会公约（以下简称为 COE 公约，Council of Europe's Cybercrime Convention）为可以帮助促进对网络攻击的有效反应的外交工具。该公约旨在协调国际网络法律，通过将其作为国家法律的范例来增强安全性。督促各国签署该公约，消除双重犯罪问题（指网络犯罪不能依赖国内立法中的漏洞）。这样，美国国务院鼓励各国在为处理跨国网络犯罪问题而创建的框架下工作，它因此在培育全球网电安全文化起到了重要的作用。

美国国务院补充了 DOJ 和 FBI 对网络犯罪分子的调查和起诉工作。然而，DOJ/FBI 的努力都是为了收集信息并对攻击者提出检控。这可以支持响应攻击的各机构的任务，因为 DOJ/FBI 利用其资源来确认进攻源，然后允许其他机构做出适当的响应。

5.3.4　网络事件的影响

当前网电安全的工作重点着眼于特殊系统的犯罪对个人的影响，而不是对网络的影响。这是由于在 20 世纪犯罪学的研究重点是犯罪对个人而不是对社会的危害。

在《私营订购的黑暗面：犯罪对网络/社会的危害》一文中，Neal K. Katyal 认为对于犯罪如何危害社会的关注，而不是对个人危害的关注，由于计算机网络的实用性在网电空间中显得尤为重要。也就是说，网络实用性的增长与网络用户数量的增加成正比,大多数互联网服务以此原则经营。例如,如果只有极少数的用户,在线拍卖网站实用性的很小;然而,如果有数以万计的用户登录并进行拍卖,该服务的实用性会因为有更多的潜在买家浏览拍卖网站而大幅增加。这一点的重要意义是,每个网络犯罪,无论产生的危害多么细微,都将导致用户无法信任他们的网络,从而减少了使用。每个网络入侵都将导致用户不信任程度的增加,从而导致用户数量的减少。因此,由于网络的实用性与用户的数量成正比,所以网络对于剩下的用户的价值降低了。于是,NS-SC在考虑网络攻击对关键基础设施和联邦计算机网络影响时忽视了网络攻击造成的潜在后果。

5.3.5 友好征服

Martin Libicki 建议,美国国家安全不只受到敌对行为的威胁,友好征服(建立和使用包含他人希望介入的信息系统)同样是一个重大的威胁。当一个系统的非核心操作者进入到具有核心操作者的伙伴的系统中访问时,这种征服就发生了。这样一个联盟的核心伙伴崛起需要依赖其提供服务的非核心成员,尽管其核心伙伴的网络也存在脆弱性。存在着恐惧,"完全依赖网络内部系统可能脱离一个开放的操作……这些脆弱性的来源都是安全的,包括从如何确保基础设施安全的一般知识到对基础设施的访问特权,这个特权使得网络特权更容易。"

友好征服的一个最好的例子就是大多数国家对美国全球定位卫星(Global Positioning Satellite,GPS)系统的依赖。GPS 的基本服务是可以免费接入的,个人购买信号接收设备就可以使用。依赖于美国系统会使他们变得脆弱,俄罗斯已经开发了 GPS 系统,欧盟以及我国目前也正在开发。

网电空间国家安全策略(National Security Strategy to Secure Cyber-space,NSSC)并没有消除网电空间中友好征服的威胁;相反,它开始关注敌对征服。其他国家对美国的友好征服同敌对威胁同等重要。作为ICANN 和 DNS 的创始者与主持者,美国目前享有核心提供者的地位。然而,互联网和数字技术在不断发展。当前的战略并不能给予保护,美国将保持其作为非 DNS 服务的核心操作者的地位。在全球范围内,人们正在使用将社会与互联网相融合的虚拟现实(Virtual Reality,VR)技术。专家指出:"……任何成功支配了 VR 市场的国家都有可能为世界其他地区制定技术标准,也可能拥有和操作 VR 服务,从而给予他们对全球金融交易、运输、航海和商业通信等可能依赖虚拟世界信息的独特访问权。"

5.3.6　TCP/IP 安全

NSSC 对于确认 IP 弱点的判断是正确的。然而,一些专家认为 IPV6 的解决方案是有缺陷的,因为它仍然是基于 TCP/IP 协议的。IP 协议使得确认攻击源变得困难。攻击者可以操纵 IP 的弱点使自己匿名。因此,网络攻击者很容易将其国家来源永久隐匿。

在《如何停止谈论——开始解决——网电安全的问题》一文中,Bill Hancock 指出 TCP/IP"永远不会有任何安全方案来保证包含最基本的安全控制(用户授权访问、协议头认证控制、协议过滤名单、会议核查等)"。他批评了 TCP/IP 的"主人"——互联网工程任务组(Internet Engineering Task Force,IETF),因为"陷入了政界并且过多地分散了注意力,阻碍了其对协议进行彻底地清理"。他还指出对任务组提供资金"并不是用来做基础的、原始的研究"。同样,也不同于美国国防部高级研究计划局(Defense Advanced Research Projects Agency,DARPA),它是一个国际组织,因此必须解决其成员之间的政治分歧。有人可能会认为,依靠 IETF 重新修订 IP 协议,这样美国网电安全的目标就可以实现,同美国依赖于联合国以实现其国家安全的目标一样。尽管联合国和 IEFT 都是有价值的工具,然而,大多数专家认为对它们的依赖是不明智的。

Hancock 指出,现在缺乏一个有影响力并且让人信任的具有资源来修订威胁美国安全 IP 协议的组织。这个组织要有前瞻性,能看到计算机网络在未来一二十年的时间里将面临的挑战。

5.4　安全防御的实现

在联邦政府的 IT 专业人士曾经将 Cyberspace 的定义侧重于信息

管理和 IT。美国国防部对 Cyberspace 网络空间的定义强调了网络空间对国家成功、政府所能向公民提供的服务、国防（尤其是关键的基础设施）的重要性，并把它视为经济创新的基础。大多数政府雇员使用计算机网络来完成日常任务、软件应用、撰写或回复电子邮件消息，或在互联网上寻找信息来做决定。

5.4.1　我们都是网电战士

作为 IT 用户，我们有责任从不同网络上提取信息并将其用到系统中去。每当我们坐到计算机前，都必须意识到自己是一个潜在的弱点同时也是巨大的财富。网电教育是至关重要的，从企业执行者级别的决策者到最新的员工，每个人都必须认识到自己在这个数字环境中的作用。究竟有多少人有一个或多个 USB 存储设备，有多少人用 CD 复制了自己的工作，有多少人根本不理解网络安全的强制性变化，有多少人离开工作场所时没有对 USB 设备或者光盘上的信息进行加密。这些看似无关紧要的行为不仅造成了生产力的损失，更严重的是还会造成敏感信息的丢失。

我们必须参加隐私和信息安全保障方面的培训，因为我们是网电战士，必须为自己的行动负责并采取相应行动。无论我们是否从事网络保密工作，都应该肩负起保障信息安全的责任。最起码，我们需要接受更多的深度培训来了解网络的风险——毕竟，我们得依赖网络完成工作。

5.4.2　成功是建立在平衡的基础上

1996 年克林杰科恩法案提出了首席信息官，最终产生了首席信息安全官。信息安全是整个信息管理中至关重要的部分，所以首席信息安全官应继续努力，并与首席信息官（Chief Information Officer，CIO）协调一致，来帮助平衡安全风险和那些有需要自由分享信息的人。在信息安全和身份管理委员会，联邦首席信息官理事会的成立是这一联邦调整战略的充分体现。

5.4.3　有效平衡网络的安全和访问

在安全的名义下，很多人都表示希望限制某些访问。此外，我们还没有客观地确定安全投资的价值，以最好地减轻预算风险。安全需要小心平衡风险和预谋投资，以纠正不当行为。

一种方法是通过身份管理模式和服务目录来执行。对于大多数人，认证管理是生物统计学的另一种说法。生物统计学的使用产生了改进的机会，以提高逻辑和物理访问过程，以及许多其他的活动包括身份管理。公钥基础设施和目录服务结合使用适当生物统计学，保证我们能担负起网络发送的访问，同时保证信息的真实性和不可否认性。

每个人都与网络有着千丝万缕的联系，我们可以把网络当作是民主、经济和国防的基石。一个高级政府应该优先考虑使用网络这一强大的工具，以确保其继续改善我们的生活和教育。

5.5 安全防御的未来发展趋势

本节将讨论网电空间安全防御的新技术及其发展趋势。

5.5.1 新技术

现在还没有快速且有效的应对网电威胁的解决方案。在信息安全领域，防御措施往往落后于网络攻击。

目前，网电防御大多数局限在入侵检测和通信监测。这些当然是有用的，但是如果（正如前面所说）缺乏强大的认证和归属系统，它在以防御为主要目的的服务中起到的作用就会变得有限。为了支持入侵检测，需要以安全方式建立信息共享结构。

但是这些以系统为基础的技术本身又有不足。因此，只要计算机执行代码，业内人员接触计算机，就会有漏洞。预计未来会出现更强调监视网络行为的系统。现有系统（类似于那些信用卡公司检测欺诈的系统）可以告警不正常的系统行为（如凌晨 3 点发送邮件、大容量信息包或者异常使用签名）。需要进一步发展这些入侵检测系统。

长期以来基于口令的安全是脆弱的，这些弱点也反映了用户对强大的密码和加密需求的不断抵触。这无疑反映了基于密钥管理系统面临的挑战——人们不能或不会使用很难记忆的口令。尽管如此，继续加强对用户的训练和教育，使他们成为网电防御的第一道防线，仍然是紧迫的问题。

我们也预见到一些更为系统的进步：云计算的发展和重新设计的信息系统，它们可能会改变网电空间的基础，也因此改变着网电威胁。

5.5.2　云计算

越来越多的系统可以在云环境下运行，且可以在多台机器上运行。这就意味着在很多情况下，那些在机器上创建的恶意软件将更难实施破坏。当恶意软件在云环境下运行时，它是在模拟硬件设备的软件上执行，而不是在硬件本身上执行。这限制恶意软件的破坏能力。

系统正在朝云计算的方向发展，因为在云中保持数据并应用它能更节省资金。从根本上来说，在很多方面，它比基于操作系统的本地机器更安全，更具有弹性。这意味着，在以云为导向的系统中完成网电攻击可能是相当困难的。根据其性质，云允许以不同层次的互动建立不同信任级别的系统。在客户端级别，大多数的个人和应用程序操作是完整的检查以保证合法的接入，但是可能只提供有限的逻辑能力。

但是这也增加了出现灾难性漏洞的可能，必须加以防范。在云系统中客户级别的安全工作中，系统的所有者就相当于"上帝"。因此，更高级别的"上帝"的成功攻击将会造成更严重的后果——人们可能并不知道系统是否已经被入侵。同样值得关注的是对"上帝"的认证。云计算可以使得人为因素变少，但是安全入侵的危害性将变得更大。谁可以成为值得信任的"电网神(Electrical Grid God)"呢？

云计算发展的另外一个结果是，匿名会更容易。这并不是因为云中的匿名技术更好，而是因为信息不是在一个离散的地方容纳。可以很容易地预见美国宪法保护的适应地区概念面临的巨大挑战。第四次修订中需要搜查的"地方"和确定的"时间"并不存在于任何可识别的形式。事实上，为了解决这个难题，政府可以决定做出一些保证性任务。如果云所有者不为政府干预提供必要的服务，世界各地的政府可以对云采取像执法中的通信协助法案(Communications Assistance for Law Enforcement Act, CALEA)式的命令。在任何情况下，云计算的发展将会使归属问题更加凸显，而不是改善它。

5.5.3　信息管理

未来的另外一个趋势是,更好的信息管理系统和需求。因为保护秘密会变得更为困难,而且信息会变得更为普及,可以通过限制或者消除在第一个实例中维持秘密的必要性而达到预期结果。

多数私营部门的操作者开始应用这个新结构并相应的规范自己的行为,他们保护自己的所有信息,但是这样做耗费了大量资金,并且也是不必要的。从广义上来说,信息管理系统转型应该认识到三个不同的信息类型。

目前收集的信息可能并不需要。例如,零售商会并不需要收集用户的财务信息,那么就不需要保护它了。

确保实体运行的必要信息并没有外部的作用。例如,市场信息、股票交易和价格数据就都属于这种类型。这里,数据对实体外部起的作用是有限的,因此,除了竞争对手,它成为盗窃目标的可能性很小。首要问题是维持备份和连续性,而安全问题则是次要的。

5.5.4　国际合作

由于云并非是国家实体,因此它的成长可能会更注重国际合作,以抵御恶意操纵者。

实际上,全球统一的合作是不可能实现的。欧洲委员会为过程中可能遇到的司法管辖问题提供了的解决办法,但其作用是有限的。这个过程允许协助维护数据,并允许归属,但是速度非常慢。以往的经验是,它不能有效地抵御频繁的入侵。规模和复杂性使得解决这个问题的前景不容乐观。更重要的是,"问题"本身每3~4年变化一次。人们正在努力使各国采取并执行欧洲委员会的方法,但是考虑到云计算的成长,当各国签订这个协议时,这种方法可能已经过时了。

通过参与,仍然可以看到在国际环境下打击网电犯罪的希望。通过联合国可以做更多的事情,如制定规范和规则。外交举措如经济合作与发展组织(Organization for Economic Co – operation and Development,OECD)的金融活动工作组使用国际标准,以提高多个国家对洗钱问题的查处力度。类似的行动(可以叫网电安全行动特别工作组)

可能在网电领域取得一些成果。

人们面临的挑战是,打击网电犯罪的行动可能会限制和制约网电间谍以及其他国家或地区的网电活动。

尽管在打击(一般)犯罪上人们有一些共同基础,但是对于达成国际共识,划分所有形式的网电战争,前景并不乐观。因为拥有网电战争主导权的优势太诱人,任何一个国际行动者都不会放弃它自己利益。

5.5.5 封闭式小区

考虑到云计算中的安全挑战和国际合作效果的微弱前景,很多参与者预测,未来国际网电安全将会退化,将会呈现"西部荒野"的特点。为了解决这个问题,一些参与者寄希望于系统中的分段封闭式小区的发展。进入这些系统会受到严密的监控,并且只对受信任的参与者开放。需要受信任的参与者同意放弃一定程度的匿名权并允许对他们行为归属。

当然,这些受信任的团体不会是无孔不入的,并且必须有很强的入侵检测和行为监测技术,才能侵入。漏洞存在于无管制的网电领域,长此以往,很多用户会被更安全、更独立的领域吸引过去。

这种趋势自然意味着,用户会从目前的看起来奇异的网络和中立的网站中移出。但是这种可信任的网络已经存在(如美国政府的保密因特网协议路由器网络(Secret Internet Protocol Router Network,SIPR-NET)以及联合全世界情报通信系统 JWICS)。

5.5.6 更多的预测

总之,网电技术会继续比网电政策发展快。政策与现实间的鸿沟不是在缩小而是在扩大。

与之相对的是,私营部门内部自助网络正在发展。私营部门已经开发出了用于鉴定入侵源的分析工具。人们希望它能开发出其他的诸如可靠供应列表的自我保护机制。政府通过授权私营部门让其做出最大的贡献,然后由私营部门发展。

对私营部门的授权将对目前网电安全的方法进行调整,它最大的特征是专业的安全性——保护措施由专业人士完成,他们知道自己的目的。另一个方法是采用开放的安全模型提供更安全的网电空间,它通过增加网电活动对每个人的可视性来实现。这实际上是一个利用完全开放环境的安全模型。Web 2.0 系统的发展允许躲避社会和透明曝光,而不是依赖于所有的安全反应。这样安全问题看起来更像是公众卫生模型,系统可以利用资源应对问题。不允许私营部门的自由发展,政府也需要"半国有"的一些部门(如电网),这些部门不能分散,否则某些低概率事件可能会经常发生。半国有部门会为这些重要的基础设施系统提供智力支持和责任保护,代价是其独立性会被削弱。

5.5.7 智慧安全

随着网电空间时代的到来,网络规模和应用领域不断发展,已经深刻影响到经济、文化、军事、科技以及人们生活的各个方面,其基础性、全局性的地位和作用日益显现出来。网络安全问题已经成为影响网电空间发展的主要障碍之一,是当今世界各国关注的焦点。然而,随着网电空间日趋复杂的结构和庞大的网络规模,特别是随着网电空间攻击行为的日益增多和攻击工具的多样化,传统的网络安全防护措施已经不能满足网电空间发展的实际需求,迫切需要新的网络安全基础理论和研究方法,及其对网络安全的量化分析和分析方法。因此,我们提出了智慧安全的理论来解决网电空间安全威胁。

Ackoff 将智慧定义为充分利用知识解决困难问题的一个过程。Clark 认为数据和信息处理过去的问题,知识处理现在的问题,智慧能够充分利用现有知识想象和设计未来的策略,应对未来可能面临的问题。博弈理论提供了一个很好的预测未来的工具。博弈论能够预测将要采取的行动,当多个决策者策略地进行交互时,博弈论能够预测将要采取的最优策略。下面给出智慧安全的定义。

定义:智慧安全 $WS[t, K, x^*(t), U(t), V(t)]$ 作为一个过程,根据网络攻击和先验知识 K 能够准确预测安全措施轨迹 $x^*(t)$,达到网电空间资源和数据安全的目的。其中 $U(t)$ 为安全策略集合,$V(t)$ 为攻击者的攻击策略的结合,K 为用于应对网电空间攻击的有用的信息。

在智慧安全中,网电空间中的攻击者和防御者之间的行为被描述成一种博弈行为。根据随机微分博弈模型找到纳什均衡解。根据纳什均衡解,能够预测攻击者的策略及其能够获得最大收益的方案。使用随机博弈模型,需要根据先验知识,建立在一定的假设的基础之上,对系统和人的行为所进行的一些随机假设。攻击的入侵和检测,攻击者对网络攻击的随机选择。智慧安全模型分析方法为网络安全性分析提供了可行的思路。

5.6 小 结

本章首先提出了网电空间的战略,然后提出了网电安全防御面临的问题,介绍了防御体制的免疫系统,再以网电空间国家安全策略(National Security Strategy to Secure Cyberspace)为例详述了安全防御的策略,最后在对安全防御的未来发展趋势加以预测,总结实现网电空间的安全防御。

参 考 文 献

[1] Yannakogeorgos P A. Technogeopolitics of Militarization and Security in Cyberspace [M]. Pro-Quest, 2009.

[2] Rosenzweig P. National Security Threats in Cyberspace[C]//McCormick Foundation Conference Series (Wheaton, IL: McCormick Foundation, 2009), 2009, 30.

[3] HermanS. VOA's Steve Herman Reports from Tokyo. Globalsecurity. org 2005 [EB/OL]. http://www.globalsecurity.org/security/ library/news.

[4] McMillan R. China Becoming the World's Malware Factory. Network World 2009 [EB/OL]. [2009 - 03 - 24]. http://www. networkworld. com/news.

[5] Kephart J O, Sorkin G B, Swimmer M. An Immune System for Cyberspace[C]//Systems, Man, and Cybernetics, 1997. Computational Cybernetics and Simulation. , 1997 IEEE International Conference on. IEEE. 1997, 1: 879 – 884.

[6] Bertsekas D P, Gallager R G, Humblet P. Data Networks[M]. Englewood Cliffs, NJ: Prentice – hall, 1987.

[7] Kephart J O, Sorkin G B. Generic Disinfection of Programs Infected with a Computer Virus:

U. S. Patent 5,613,002[P], 1997 - 3 - 18.

[8] Crochemore M, Rytter W, Crochemore M. Text Algorithms[M]. New York: Oxford University Press, 1994.

[9] Le Charlier B, Mounji A, Swimmer M, et al. Dynamic Detection and Classification of Computer Viruses Using General Behaviour Patterns[C]//International Virus Bulletin Conference, 1995: 1 - 22.

[10] Chess D M, Kephart J O, Sorkin G B. Automatic Analysis of a Computer Virus Structure and Means of Attachment to its Hosts: U. S. Patent 5,485,575[P], 1996 - 1 - 16.

[11] Arnold W C, Chess D M, Kephart J O, et al. Automatic Immune System for Computers and Computer Networks: U. S. Patent 5,440,723[P], 1995 - 8 - 8.

[12] Kephart J O. Methods and Apparatus for Evaluating and Extracting Signatures of Computer Viruses and Other Undesirable Software Entities: U. S. Patent 5,452,442[P], 1995 - 9 - 19.

[13] Molyneux R E. The Internet Under the Hood: An Introduction to Network Technologies for Information Professionals[M]. Greenwood Publishing Group Inc. , 2003.

[14] Obama B. National Security Strategy of the United States (2010)[M]. DIANE Publishing, 2010.

[15] Federal Emergency Management Agency, National Response Framework, Cyber Incident Annex, December2004 [EB/OL], http://www. fema. gov/media - library - data/20130726 - 1825 - 25045 - 8307/cyber_incident_annex_2004. pdf

[16] Nakashima E. Bush Order Expands Network Monitoring[J]. Washington Post, 2008, 26.

[17] Anderson L. Countering State - Sponsored Cyber Attacks: Who Should Lead? [J]. Information as Power: An Anthology of Selected United States Army War College Student Papers, 2007, 2: 105 - 122.

[18] Katyal N K. The Dark Side of Private Ordering: The Network/Community Harm of Crime[J]. The Law and Economics of Cybersecurity, 2006: 193.

[19] Hancock B. How to Stop Talking About - and Start Fixing - Cyber Security Problems[J]. CUTTER IT JOURNAL, 2006, 19(5): 6.

[20] Evans K, Carey R J. Success in National Cyberdefense[J]. IT professional, 2009, 11(5): 0042 - 43.

[21] Ackoff R L. From Data to Wisdom[J]. Journal of Applied Systems Analysis, 2010, 16: 3 - 9.

[22] Clark. The Continuum of Understanding [EB/OL]. http://nwlink. com / ~ donclark/performance/ understanding. html.

[23] Dixit A K, Skeath S, Reiley D. Games of Strategy[M]. New York: Norton, 1999.

[24] 黄开木, 孙宇军, 粟琳. 有关赛博安全基础性关键术语解析[J]. 中国信息界, 2012 (1): 62 - 66.

第6章 网电空间的安全管理

网电空间安全是网电空间的一个主要特性,该特性是一种抵抗有意和无意威胁的能力,也是对威胁做出响应和恢复的能力。网电空间给人们提供方便的同时,也面临着严峻的安全考验。网电空间的开放环境在推动它取得巨大的成功的同时,也植入了严峻的安全问题。本章节将讨论在当前以及未来的网电空间涉及的安全管理问题。

网电空间安全问题可以分为两类:一类是未经授权的用户通过网络尝试访问私人数据,另一类是诸如自然灾害和计算机病毒的破坏。

本章首先确定了威胁的主要来源,如技术弱点、网络环境中固有的风险以及网络内部控制等问题。然后,介绍了网络攻击的类型以及诸如身份验证及加密等处理安全问题的工具。接着,讨论了网络安全和信息安全保障技术。最后,本章探讨了互联网和网络安全的未来。

6.1 网络环境的安全

网络的参与者主要是用户、商业部门和监管人员。用户又被分为个人、团体和非商业企业。商业部门代表所有的盈利和非盈利企业经营者,并日益受到关注。监管人员是这些部门在法律上的代名词。每个参与者都受到安全限制的影响。

随着网络的迅速发展,人们在获取更多知识的同时也饱受各种网络攻击的困扰。了解网络安全事故的原因是认识网络安全一个很好的起点。本节主要讨论网络环境的参与者以及网络安全事故的五种类型,即固有风险、技术弱点、政策弱点、未经授权的入侵者(黑客攻击)、法律问题。

6.1.1 网电空间的参与者

用户是指其计算机连接在网电空间上的人。在网电空间上很多人都是匿名的,这让很多用户感到害怕。匿名很容易让罪犯在觉得有麻烦时不停地变换活动。匿名看似为用户提供了一种高安全的感觉,其实对用户来说更加危险。教育工作者、家长和社会人士对网络更加警觉,因为各种网络跟毒品一样都在提供不健康的淫秽信息。网站允许搜索还未实现的信息。每个用户都在寻找更加安全的网络环境。匿名性给网电空间追踪带来了麻烦,所以,即使攻击者发动了攻击,让他们得到应有惩罚的难度很大。

企业都知道网电空间具有竞争的优点。网电空间为企业提供了使其更适合顾客的机会。网电空间为顾客和供应商之间提供了即时交流信息的平台。但是网电空间带来方便的同时,也带来了风险。企业害怕黑客入侵。一旦入侵者破坏系统的源程序并获得整个系统的控制权,将是公司信息系统管理者的噩梦。没有安全保护的网络隐藏着巨大的风险。当发生黑客截获消息,破坏数据的机密性、完整性与可用性时,这些非法活动会造成恐慌。在商业活动中突出的三个安全问题如下:

(1)机密性。所有的数据都应该以密文的形式进行存储、传输。企业要阻止机密信息被窃取。安全的加密方案可以解决这些问题。

(2)完整性。保证了数据不可被非授权的实体添加、删除、替换等。企业数据的完整性保护可以通过信息认证码或者哈希函数来实现。

(3)可用性。一个公司的资源和系统必须能在需要时即时启动和运行。

公司必须保证其信息系统的数据安全性。缺少安全措施的公司的信息系统往往是脆弱的。

法律对遏制网电空间犯罪有着巨大的作用。立法和司法部门可以修改现行法律,使通过网络的处理权利更加有效。有人提议建立"网电空间法庭"来仲裁和解决网电空间犯罪。法律同提供的所有规则和规章一样,在帮助用户处理正当程序中起着重要的作用。同时法律可以监控和限制非法活动。

网电空间的安全不仅对用户和商业很重要,而且也影响到我们国家的法律。很多监管机构发现网电空间上普遍存在着犯罪意图和活动,围绕这些违法活动足以建立一个法律框架。司法部门定义网电空间犯罪为违反法律的行为,这些行为包括用网电空间知识去犯罪、侵入等。网电空间犯罪可以分为三大类:犯罪活动中的犯罪目标或犯罪对象,犯罪的物理站点和用工具去完成犯罪活动。

6.1.2 网络事故的类型

网电空间有其自身的弱点。网电空间包含了连接在世界各地的用户、企业、商业服务提供者和政府之间的数百万台计算机。它的大小继承了其固有弱点并且产生了诸如错误指向、传输失败、数据损坏等问题。有些计算机使用综合业务数字网进行通信,另一些计算机仍然需要连接电话线进行通信。这种多样性导致安全问题难以控制。此外,最初设计网络时,其重点是兼容性而不是安全,所以给网络安全带来了隐患。

互联网工程任务组(Internet Engineering Task Force,IETF)跟互联网活动委员会(Internet Activities Board,IAB),为网络设置了准则和标准。IETF 中的成员向所有对网络问题感兴趣的人开放。随着互联网的日益商业化,IETF 的作用变得不那么明确。不经过 IETF 的批准供应商可以提出自己的标准,而这些不同标准的出现使得网络安全问题变得越来越糟。

技术弱点是指软硬件产品的缺陷。技术弱点可分为两类:一类是由通信机制和产品固有的弱点造成的;另一类是从操作系统和软件配置错误导致的结果。

许多网络弱点可追溯到通信协议。协议定义了一系列关于网络相互影响的规定。网络上最常用的协议是 TCP/IP 协议。该协议最大的安全问题是无法认证通信各方的身份及无法保护网络上的私人数据。由于 TCP/IP 协议的特点,它可能为给定的机器偷听到所有通过连接网络中的流量。因此,一个 Telnet 会话或 FTP 传输,可以被第三方轻易遭受攻击者偷听。

配置的弱点来源于网络系统的复杂性。有些系统使用的默认设置,它们可能没有安全措施,留下了安全隐患。例如,无担保的用户账户(如客户登录或过期的用户账户),系统账户有众所周知的默认密码或错误的网络服务配置。

企业的安全策略作为计算机安全框架的基础。这些安全策略，一起为整个企业建立一定程度上的安全保障。这些安全控制包括物理安全控制、人员的安全控制、管理安全控制、数据通信的安全控制、计算机安全控制、灾难恢复和备份、业务的连续性、密钥管理控制。

这些安全控制应该在整个组织中坚决执行。此外，使用多重安全保护措施代替单一的保护措施。最后，建立一套完整的包含口令和用户 ID 的准则，并且强制执行。

未经授权的人进入组织的数据文件或资源往往被视为入侵者或"恶意黑客"。黑客是一种使用密码猜测程序，数据包嗅探，或其他方式进入其他人的计算机账户或以其他方式破坏计算机的安全性的人。黑客在寻找网电空间的弱点并设法通过它们。入侵者的动机各不相同，但他们使用的找出安全漏洞的方法是类似的。因此，在开放的环境下，为保护您的计算机不受侵害，一个健全的安全系统是必不可少的。

有一些在网电空间上普遍的犯罪活动，它们主要是侵犯版权和色情活动。在网电空间上由于安全性或监管执法的缺乏，诈骗、贪污、盗版和间谍等犯罪活动都可能发生。

网电空间的发展已经使出版商、作家开始关注侵犯版权问题。

相比以前任何时候，对很多人来说网电空间公开了更多的数据和资料。如此多的曝光次数使得盗版成为首要的考虑因素。网电空间的结构是脆弱的，同时网电空间的开放被滥用。法律开始重视保护版权权益。

使用数字版权管理可以使版权保护的数据更加安全。数字版权管理是一种软件保障形式，可以跟踪最终用户进行的活动。数字传输可以追溯到毫秒。数字版权系统中嵌入的代码提供了所有权和版权保护的证明。系统可以检测到数据做出更改。此外，该系统通过串行代码跟踪，识别并确定适当的版税。串行代码可以识别黑客并追踪到他们的来源。同样的过程也适用于大批量的金融交易。

其他的解决方案，如数字水印技术，可以帮助建立著作权的归属。数字水印技术在数字数据上以随机的方式提供信息隐藏。

6.2　网电空间的攻击类型

网电空间安全隐患可分为以下几个方面:基于口令的攻击、IP 欺骗、利用可信接入点攻击、监听和利用技术漏洞攻击。

基于口令的攻击是指用一定的方法去获取口令。为了访问网电空间,黑客会尝试每一个口令组合。这种强力攻击战略(为使用计算机尝试所有可能的口令)在很多种 UNIX 系统中都获得了成功。因为 UNIX 系统中,在几次尝试登录失败后不会注销该用户。黑客有时用获取通过口令的软件(如"破解"),从用户的电子邮件中获得口令。黑客也可以通过 FTP 来获取 UNIX 系统中的文件口令,虽然该文件是加密的。加密算法已经被广泛使用。由于获得口令的过程是非常耗时的,因此黑客通常直接从用户窃取口令。

地址欺骗指的是攻击者通过窃取的合法地址来将自己假冒成系统的拥有者,如 IP 欺骗攻击。假设两台机器相连,入侵者在不让对方注意到的情况下将他们之间的连接重新连接到第三方计算机,将危害到原来使用这两个机器的用户。在 Web 欺骗中,黑客服务器通过吸引受害者的浏览器,然后发送该网页的请求来欺骗用户。高点击率的黑客服务器直接控制受骗的服务器。受骗服务器重新写入网页,并发送修改了的网页给用户,这样就可以拦截由用户传送的信息。地址欺骗是种日益增长的网电空间攻击,但它还是比较容易预防的。处理 IP 欺骗最好的方法是配置路由器,并拒绝任何声称来自内部网电空间主机的数据包。点击书签或从主菜单选择"开放位置"可以防止网络欺骗,因为浏览器中的这两个部分不能被 Java 程序控制。

为了使操作系统间容易互相接入,很多操作系统(如 UNIX、VMS、NT)都配置了可信任接入点。

UNIX 操作系统中,在没有口令的情况下允许访问受信任的主机文件。使用者进入"远程登录命令"或具有适当理由的某些相似命令。拥有机器名称的用户可以通过可信接入点进入机器。入侵者只要能进入一台机器就能到达跟其连接的其他机器上,从而增加了未经授权的访问的威胁。

网电空间监听也是一种重要的安全威胁。成千上万的文件从网电空间中的一端传送其他端。监听或数据包嗅探是指在网电空间中的任何一点,攻击者都可以截获文件。即使企业内部网络不连接到网络上,网络监听对企业来说也是最严重的威胁之一。

利用技术漏洞进行攻击。UNIX 和 VMS 等操作系统的设计都不是很安全。在它们发行后已经反现了不少漏洞和安全问题,但没有人愿意完全重写它们。因此,一个又一个的补丁用来解决不断增加的新问题。革新系统是非常昂贵的,因为不是每个补丁都与现有环境相适应。

网电空间安全隐患为网络商务带来了很多问题。一个重要的问题是主机拒绝服务。主机拒绝服务阻止网电空间资源的运行以及网电空间资源预期的目的,同时可能导致服务的擅自销毁、修改或服务的延迟。

6.3　网络安全技术

商业战略家认为 21 世纪网电空间是值得关注的市场。然而,迄今为止,商业网络遇到的最大障碍是安全问题。由于网络攻击使网络成为不安全的投资地方,因此大多数公司在网上仅仅做一些广告宣传。网络安全涉及许多技术和非技术措施的应用。一方面,网络安全的非技术方法,主要包括制定企业安全政策,并使用户学习这些安全政策;另一方面,网络安全主要的技术措施包括访问控制、身份认证、加密、防火墙、审核、防病毒工具和自评工具。

6.3.1　网电空间安全的技术措施

访问控制是网电空间安全的主要措施。对用户来说,口令控制是关键。一次性口令可以防止嗅探,但在一个大公司很难使用这种方法。对主机来说,可以使用 IP 地址的访问控制。但是,跟文本密码一样,黑客可以很容易破坏这种方法。解决这个弱点最常用的方法是加密。加密可以避免嗅探和截取,但没有一个完整的标准规范。

加密是保证数据机密性的主要手段。加密能够保证数据的机密性,用一个共享密钥将信息加密,再用一个的密钥将信息解密。加密算法是保证数据机密性的先决条件,加密算法包括对称加密算法和非对称加密算法,对称加密算法的一个主要特点是加密密钥和解密密钥相同,但是,这种方法需要设计一个较好的密钥管理方案。非对称加密算法的主要特点是加密密钥和解密密钥不同。但是,这种方法需要确保公钥的真实性。

防火墙是一种在私人网络和互联网之间保护私人网络安全的网关,同时允许私人用户透明且不受约束地访问网络。防火墙通常放在内部网络与互联网之间,具有保护网络不被入侵的目的。此外,防火墙的建立和维护更快也更容易。但是,防火墙仅仅是个网关,当入侵者破坏了网关进入系统,防火墙并不能阻止它。

审核和反病毒工具也是网电空间安全的重要工具。审核是一种保留了网络事件详细记录的服务,如不能成功登录系统的用户数目。它可以同入侵监测系统一起使用来检测系统的正常使用,并尽快查明发生入侵的精确位置。

病毒是一种对计算机产生不利影响的软件,它可以在没有得到用户允许的情况下改变用户的工作方式。计算机病毒通过依附到另一个程序或一个软盘的引导扇区进行蔓延。当执行被感染文件或者启动被感染的计算机磁盘时,病毒程序被执行。病毒有从一台计算机移动到另一台计算机的能力,特别是通过网络环境。

无论如何建立网电空间,安全漏洞总是存在的。因此,自我评估测试是非常重要的。一些软件可以用来分析系统并找出可能存在的弱点。评级可以阻止不受欢迎网站的另一个程序。评价制度面临的问题是:网络管理员会受到未分级网站的轰炸。在大多数情况下,未分级的站点要求监测。评级系统具有巨大的潜力,可以为用户证明从而避免检查和指导。

灵活性是指在提高自己的警惕性时,每个用户只需自我调节自己的网站的选项,直到 Web 开发出一个更好的方法。网上冲浪时,用户必须保持灵活,有很好的识别能力。所有的网站都不是为某一个人建的。用户在决定使用网络时必须对网站提供的各种认识做出自己的最佳判断。

防火墙和路由器相结合是保证网电空间安全的一种主要方法。另一种技术是公司可以通过路由器和防火墙系统同时进行渗透。在使用路由器过滤网络数据时,公司可以使用防火墙来保护自己。过滤是基于地址头的数据包的前缀。如果公司认为这些网站是不安全的,公司可以阻止访问如".edu"的网站。使用电子欺诈技术很容易修改数据包的头部。这种欺骗行为类似于一个"披着羊皮的狼"。将一个地址覆盖在另一个地址的表面对黑客来说是简单的,但对使用这个地址的公司和用户来说是很困难的。被导出的地址的危害是两方面的,一个是作为网站的证明,另一个是从前门进入了公司的系统。导致的结果是公司将失去数据的保密性、完整性和可用性。

6.3.2 网络安全技术的比较

表6.1给出了在面对各种网络攻击时,网络安全技术的适用性。

表6.1 网络安全技术的比较

技术	基于口令的攻击	地址欺骗	利用可信接入点的攻击	网络监听	利用技术漏洞攻击
访问控制	好	满意	受限	好	受限
身份认证	好	受限	满意	受限	受限
加密	好	受限	好	好	满意
防火墙	受限	好	好	好	受限
审核	好	满意	满意	满意	满意
反病毒工具	满意	满意	满意	满意	满意
自我评估工具	满意	好	好	满意	满意
评级系统	满意	满意	满意	满意	满意
灵活性	受限	受限	受限	受限	受限
防火墙和路由器结合	受限	好	好	好	受限

访问控制技术适用于口令攻击和网络侦听,同时也适用于地址诈骗。但是,这种技术受限于当主机没有控制外部的网络攻击时,利用可信接入点的攻击。还受限于当技术中只控制接入点时,利用技术漏洞进行的攻击。为了处理这些攻击,需要用户有更多的商业道德。身份认证技术是一种通过口令、PIN或加密密钥来验证信息发送者的方法。

主要工作基于口令的攻击,也适用于利用可信接入点的攻击。但是,这种技术受限于当发送者的身份很难辨认时,利用地址欺骗、网络监听和利用技术漏洞的攻击。它不是防止网络攻击最先进的技术。

加密技术通过对信息进行编码使得其意义不那么明显。当黑客没有办法读懂这些信息时,它也适用于基于口令的攻击、利用可信接入点的攻击、网络侦听。它还适用于当黑客利用技术弱点找到解密信息的方法时,利用技术漏洞的攻击。但是,这种安全技术受限于当受害者的浏览器被黑客浏览器攻击时的地址欺骗,并且它已经没有办法阻止攻击。当使用防火墙技术将公司网络同互联网分离时,防火墙技术适用于地址欺骗、利用可信技术点的攻击、网络监听。但是,它受限于基于口令的攻击和利用技术漏洞的攻击。当审核技术保留了网络时间的详细记录时,审核技术适用于基于口令的攻击,还适用于地址欺骗、利用可信接入点的攻击、网络监听、利用技术漏洞的攻击。一发生任何不正常的使用和非法侵入系统者,它们都会被马上检测到。反病毒工具适用于基于口令的攻击、地址欺骗、利用可信接入点的攻击、网络监听、利用技术漏洞的攻击,上述来源的任何病毒的攻击都可以检测和轻松预防。然而,一旦有新的病毒出现,一个好的反病毒工具必须能马上识别它。

当自我评估工具能分析系统可能存在的弱点时,自我评估工具适用于地址欺骗和利用可信接入点的攻击,还适用于口令攻击、网络侦听和利用技术漏洞的攻击。早期预警系统可以防止可能发生的网络攻击。一个评级系统可以阻止不受欢迎的网站。评级制度为断开的网络节点进入允许的其他网点提供了一套方法,这种方法适用于基于口令的攻击、地址欺骗、利用可信接入点的攻击、网络监听和利用技术漏洞的攻击,从而可以阻止攻击侵入一些重要网站。使用网络安全控制的灵活性方法受限于上述所有的攻击。每个用户只需调节自己网站的选项,直到 Web 开发出一个更好的方法。它不是一个最先进的技术,但是,对商业道德、隐私认识和政府制度的调节是关键的。当结合周围环境中每个合作者并为每个用户创造一个防火墙时,防火墙和路由器结合的方法适用于防止地址欺骗、利用可信接入点的攻击、网络监听,它同时也增加了网络接入的灵活性。但是,这种技术受限于基于口令的攻击和利用技术漏洞的攻击,因为基于防火墙的安全技术仅仅阻止的是外部黑客。

除了上述提到的安全技术,企业内部的所有程序或政策都可以用来加强网电空间的安全。用户需要掌握更多的商业道德和关注隐私。政府需要建立更多的有关网电空间安全的法规。这些非技术的方法可以更好地保障网电空间的安全。

6.4　网电空间信息安全保障技术

网电空间信息安全保障技术强调技术和能力,尽量减少网电空间潜在威胁的影响,或者使它们能够阻止、检测、反抗或应对攻击。网电空间信息安全保障技术主要包括:认证、授权和信任管理,访问控制和权限管理,攻击保护、预防和先发制人,大规模网电态势感知,自主的攻击检测、警告和响应,内部威胁的检测和消除,检测隐藏的信息和隐蔽信息流,恢复与重建,辩论,痕迹跟踪和属性。

6.4.1　认证、授权和信任管理

认证是对网电空间的用户身份(一个人或是基于计算机的进程或设备)的授权,并通过如数字签名、口令或生物特征等安全手段进行身份验证的过程。授权发生在认证之后,是指将用户所请求获得服务或资源的特权授予已经通过认证的用户。认证和授权是相互依赖的关系;常用的网电空间资源的授权通常包括建立用户身份的请求访问(如基于身份的认证)或者经信任的第三方认证用户有访问请求的特权(如证书认证)。特权是通过认证的用户的安全属性。跨域证书支持不同的系统,通过网络连接,由基于安全认证过程的一个其他网络系统执行接入授权。信任管理是指对用户的证书进行评估以决定他们是否被授权。

数字认证是所有信息安全的基础,因为在网电空间的用户与用户连接时,它可以对用户的行为负责。随着接入网电空间方式的不断增多,安全漏洞和非法用户的访问日益受到关注。随着企业 IT 系统的复杂性和用户数量不断增加,对已认证用户分配不同访问权限的授权技

术在安全管理中起到越来越重要的作用。

用户的身份认证基于下面三种因素：物理属性（如指纹或生物特征数据）、人工属性（如自动取款机卡或加密令牌）和数据密钥（如口令）。每种方式都有各自的优点和缺点。最有名的和最常见的认证方式是传统的静态口令。然而，传统的静态口令有一个常见的缺陷，由于用户对自己的口令保护不够，口令安全政策（如强制性的格式规则和周期性变化）又难以执行，恶意攻击者已经发现了获取口令的技术和工具。多因素认证方法增加了安全保障。例如，一台 ATM 自动柜员机可能都需要一张 ATM 卡和个人密码或个人识别号来提供更高程度的安全保障，这比单独一种方式更加安全。

生物识别技术是确定身份的一种方式，如指纹、声音、视网膜扫描等这些可用于 IT 产品上的身份验证。但是，隐私问题限制了其在某些情况下的使用。然而，生物特征认证可以提供比静态口令更加安全的身份认证，而且在实现方式上也更能让人们接受。但最新实验表明，人造手指能够骗过指纹识别设备。

上面所描述的现有技术都存在一定的限制，这对提高网络、系统和信息的整体安全水平产生了一定的阻碍作用。下一代安全的认证、授权、信任管理技术和工具需要修复一些网络漏洞，以适应动态变化的网络环境和不断增加的安全威胁。具体的研发需求包括以下几方面。

（1）设备认证。设备认证要求设备配有能可靠识别的特征。对于设备和相关进程产生的请求，使用密码认证协议是必需的。其中的一些协议有的已经制定，但在系统上如何部署才能充分利用它们的特性，这方面的经验非常匮乏。

（2）可扩展的身份认证。下一代身份认证可以跨越商业合作伙伴、自治单位以及远程办公室之间的网络界限分享信任身份。这为可扩展的信任管理提供了可扩展认证所需的技术。然而，在确定身份认证上还有接连不断的挑战，更重要的是，域间认证支持的授权形式还有待商榷。此问题在一些常见应用领域已得到部分解决，如互联网电子商务的信用卡使用问题。但是可扩展身份认证和全球规模的身份管理仍然是一个挑战。

6.4.2 访问控制和权限管理

网电空间访问控制和权限管理是一个行政和强制的过程,它是启用并限制用户使用的特定系统资源的行为。行为的许可或限制基于组织的业务规则或访问政策。

访问控制政策是通过一种机制强制执行,这种机制由固定系统的功能和反映配置机制的访问控制数据集合组成。总之,这些信息可以使系统决定是否授予或拒绝用户的访问请求。访问控制数据包括一组权限,每一个权限表示用户是否具有执行一个对象(如访问、读、写)或访问资源的权利。权限不单独指定。它们通过行政业务或一组预定义的规则来进行设定,并指向与特定类型或政策相关联的一组用户、主题和资源。

例如,访问控制管理方式被称为基于角色的访问控制(Role - Based Access Control,RBAC),权限是由分配给用户的角色和分配给角色的特权决定的。其他方法包括基于标签的访问控制机制,是指将标签应用到用户、进程和对象,还有字典访问控制机制,是由用户识别码、用户组和访问控制列表来定义的。虽然访问控制对用户进行了权限限制或保护机制,但一个组织机构执行访问控制政策的能力体现在能够为大数量和多样化的用户群体提供更多的数据与资源的共享。现有的各种安全机制是为主机操作系统和跨异构体数据之间执行安全访问而存在的。在一次试图简化访问控制管理过程中,RBAC 模型以及最新的一个 RBAC 规范已经制定出来。RBAC 模型提供了执行大范围的访问控制的能力。

在基于角色的访问控制中,权限与角色和分配给用户的角色相关联,以便授予用户与这些角色对应的权限。这一基本概念的实行极大地简化了访问控制管理。角色是为组织机构中的各种工作职能集中创建的,然后根据某一标准对用户分配角色,如他们的职位和工作职责。用户可以很容易地被重新分配角色。角色可以被授予新的权限,权限也可以根据需要进行撤销。例如,如果用户在组织内转移到了一个新的职能部门,则用户可以被分配到新的角色,随着相关权限的自动更新,旧权限也被移除。当不存在 RBAC 的情况下,用户的旧特权必须逐一确认和撤销，新的特权才被授予。

虽然 RBAC 的性能可以通过访问控制矩阵（数据结构，如访问控制列表）的简单查表模型得到明显改善，但 RBAC 模型并不能解决所有的访问控制和权限管理问题。发现和定义角色并将角色映射到企业资源与应用程序通常被称为角色工程，这项工程是昂贵和困难的。虽然随着最佳的方法和工具不断发展，减轻了 RBAC 中的角色映射，但是这些功能只对下面要描述的研究对象提供了一个临时解决办法。最终，访问控制将会被重新定义和重新设计，从根本上适应不断增长的网络和系统的规模及复杂性。改进的目标是将访问控制重新定义，可以保留访问控制的优势，同时提供一个通用的环境以适应众所周知的访问控制政策，使其易于部署和管理，使配置过程更加安全。

下一代访问控制和权限管理技术主要改进下面三个独立又相互关联的研究领域：可扩展的访问控制数据管理的方法和工具；灵活的访问控制机制，能够兼容各种各样的访问控制政策；定义安全以及安全访问控制机制的方法和技术。

（1）可扩展的访问控制数据管理。越来越多的组织已经拥有成百上千的系统、数百到数万的用户、数以千计到数以百万计的资源，必须对它们加以保护。管理这些系统、用户以及资源的访问控制数据，是一项工程巨大的任务。

基于身份的访问控制模型能够在较小的组内良好运行。但是随着组成员的数量和资源种类增长到企业和跨企业规模时，存储在应用程序、数据库和文件系统中的访问控制信息不断膨胀，使得最有见识的管理者也会对管理和控制访问不知所措。例如，许多企业无法提供最简单的查询服务，例如，应该给予一个用户什么类型的系统账户。因此，组织机构必须积极采取行动来改善某些行政措施，例如，允许账户共享和复制的权限，但这会导致权限分散而难以管理。

（2）灵活的访问控制机制。一种标准不能适合所有的访问控制策略。访问控制机制就像需要执行的商业实践和应用类型一样多种多样。符合某个市场领域政策要求的访问控制机制不一定符合其他市场。有效的访问控制机制提供了配置和执行的环境。政策配置是指创建和管理访问控制数据的行政运营。强制执行能够使用户和他们的进程坚持访问控制政策。20 世纪 70 年代中期以来,安全研究人员试图开发抽象的访问控制系统的访问控制模型。实行的时候,该模型提供了一个广义的语义环境,它支持广范围的政策,但是在坚持一个商定的安全性原则的前提下,如最低权限(限制用户需要完成授权任务的最低权限)和责任分离(分配角色和特权,没有一个用户可以执行多个敏感的任务)。撤销(删除以前授予的特权)也是这些模型的主要特点。

(3)安全性。在访问控制方面,安全性是保证访问控制配置不会将特权授予未授权用户。安全性是最基本的访问控制策略得以执行的保证。但是,在安全性要求与灵活性需求之间存在着矛盾。一个访问控制配置的安全性不能指定为一般访问控制模型。因此,安全性的实现只能通过使用有限的访问控制模型或具有约束性的安全验证。目前,几乎所有对安全性要求高的系统只使用有限的访问控制模型,因为约束表达式语言对简单的管理应用过于复杂。然而,研究人员已经表明大部分约束属于少数的基本类型(如静态、动态或历史的)之一。因此,一个关键的研究目标是如何制定约束的方式,使访问控制配置的安全性得到保证,同时使这些限制具有足够的灵活性,以支持实际应用。

6.4.3 大规模网电态势感知

网电空间态势感知被定义为一种可以帮助分析人员和决策者提高安全性的能力:可视和理解现有 IT 基础设施的现状,以及 IT 环境的防卫态势;清楚哪些基础设施组件对于实现系统主要功能是必不可少的;了解对手可能采取的损害关键 IT 基础设施组件的行动;确定在何处寻找恶意行动的主要指标。

态势感知是进行有效的网络防御的关键。信息系统和计算机网络高度互连的性质,使得它们共同分担风险。应对工作的协调和同步要求的程度,使得强大的态势感知能力成为必要。

分析人员和决策者必须有工具来及时评估和了解网络与系统的状态。这种态势了解必须提供多层的解决方案:顶层,系统的全面指标;对系统各个部件存在的威胁进行探索;可识别事先看不见的异常活动的更多的本地层次细节。

目前,大多数态势感知技术只能进行低级别的网络和基于节点的传感器数据的有限融合。这些技术不提供大型网络系统的健康状况。状态信息趋于本地化,对任务流程或大型 IT 基础设施各个组件之间的相互作用和商业的影响只提供有限的信息。因此,确保不会对基础设施的关键部分造成不良影响的纠正行为难以协调。尽管它们具有重要的战略和实际意义,但当前的态势感知技术能力还不成熟。安全性分析人员必须分析来自传感器节点和网络管理系统的大量数据。在没有改善功能的情况下,新兴技术将会在现有技术的基础上提供更多的信息。一个比较棘手的问题是找到可能正在发生的攻击的趋势和形式。

研究如何最好地通过设计人机界面来塑造态势感知技术的多个方面,以适应分析人员的认知过程,这是很有必要的。但是可视化工作需要了解低级别的传感器数据,这远超现有的能力。在某些情况下,如果有足够的警示信息,就可以预知这些攻击或至少将损失降到最低,并能够快速、有效地应对和恢复。

态势感知和理解的形成必须依靠大范围的网电传感器数据和传统信息源,包括开源数据。这些大量数据必须经过过滤、转换、融合,为分析人员和决策者提供有见解和可操作的信息。系统外部和内部的信息对于理解观测到的异常也是必要的,无论是恶意的还是其他方式。目前的态势感知能力必须扩展到更广的范围,以便能够发现可能发生的恶意或异常的活动。系统提供的态势感知技术的功能必须被设计成自己可以操纵的。这种保护是必要的,它防止对手直接或间接引发对检测到的异常活动做出不适当的反应,阻碍攻击后的恢复能力。

6.4.4 自主的攻击检测、警告和响应

自主的攻击检测、警告和响应能力可以使系统和网络检测到它们正在受到的攻击,并进行防守反应和提醒操作人员。现在的静态数字签名技术可以检测到某些类型的网络干扰,并能够提醒操作人员。但这些技术一般不能检测到新形式的攻击,他们的能力有限,很难自主采取行动来保卫系统并对其进行维护以保持其运作。自主攻击检测需要基于预定义签名和动态学习技术的下一代工具。必须将这些技术加以

整合,并把传感器分布到主机和网络层,以应对来自网电的外部和内部的威胁。自主响应不仅应包括警告,而且应在受到攻击时采取一定的防卫行为,以减少攻击造成的损害。

大规模网络攻击的影响可能是灾难性的,特别是再配合物理攻击。驻留在网络边界的静态入侵检测和预防机制可能并不是总能阻止恶意代码和病毒攻击,这些病毒能够迅速传播并在网络中立足。组织机构应该采取一定的安全策略并部署到网络或系统的所有层次。因此,开发处可以动态处理日益复杂的攻击技术的下一代工具是必要的。现在的威胁包括从专业黑客的脚本攻击到特洛伊木马、病毒、自我复制的代码及混合式威胁,因此需要新的自主攻击检测和警告技术。

现在,新的网络病毒的传播会导致几个层次的反应:网络运营商试图通过配置交换机、路由器和防火墙阻止病毒;创建新的数字签名并通过反病毒和入侵防范系统阻止病毒;发布新补丁来修复系统的根本性漏洞。

如今,有效的反应时间范围可以从数小时至数周,但有时需要 1s 一下的反应时间来处理攻击,如闪现病毒。只有先进的自主反应技术才可以提供如此快速的保护。现在大部分网络安全市场使用的还是基于签名和准则的系统。从这些系统升级为动态自我学习系统才刚刚开始。一个新的功能涉及高层安全事件管理人员,综合多个传感器和网络日志的警报技术,并以网络警报产生更少误报和尽量减少网络运营商需要检查的数据量为目标。商业部门一直放缓对自主攻击响应的研发。安全事件管理系统提供给 IT 运营商的实时预览,这是网络态势感知的一次进步。但它们代表了当前技术的最高水平,而很少强调自主响应的需求。研发重点应放在自主攻击检测和警告技术。这些技术的未来几代需要采取先发制人,而不是被动防御,但自主系统防御行为需要在机器自主学习技术上取得进展。取得这些进展需要新的技术和工具来帮助网络运营商了解和配合自主的制定决策过程。

当系统受到攻击时,几乎没有时间供人做出反应。为了尽可能减少损失,并停止或隔离网电攻击,需要制定决策使系统能够迅速提供人工的防御方法并为网络守卫者提供备用方案。

6.4.5 内部威胁的检测和消除

在网络、系统和信息的 IT 环境下,一个组织的利益可以以隐含的或者明确的安全政策体现出来;在这种环境中,内部威胁可以狭义地定义为一个授权用户有潜在违反系统安全策略的行为。虽然有些违反政策的行为可能是无心的或意外的,但需要担心的是故意的和有预谋的行为,如恶意利用、盗窃、破坏数据或危害网络、通信或其他 IT 资源。威胁的检测需要区分是可疑的恶意行为还是正常的或是可以接受的行为。内部威胁的缓解涉及制止、预防和检测的结合。

缓解内部威胁的技术重点在监视系统上,识别非授权访问,建立责任制,过滤恶意代码并且追踪数据的来源和完整性。虽然有着一系列措施来对付内部威胁,但是这些措施都只作用在有限的范围。使问题的困难程度加剧的因素包括:计算机基础设施的规模和多样性,平台的种类和数量,任务支持,基础设施体系结构和配置,以及全球的地理分布;劳动力的数量,多样性和流动性,在军事任务的情况下,需要与盟国和联盟伙伴进行联络;高度复杂的计算机安全环境的种类范围从非保密系统到机密网络,以及从支持业务和电子商务的私营部门的系统和网络到关键基础设施的过程控制系统;关于内部人员获准访问的数据种类的政策是难以制定的。

受信任的内部人员查看信息系统可以不受检查和监督,这超出了基本的安全机制的防御能力,基本的安全机制主要用于检测不被信任的外部人员和防止他们渗透利用他们的信息资产。这些因素使内部威胁成为一个异常复杂的问题,超出了现有可用工具的能力范围。阻止和检测恶意内部行为,可以通过使用模型而变得更加有效,模型可以捕捉和预测内部人员的知识、行为与意图。用户行为的主观因素使得可接受的、授权的行为和未经授权的行为难以区分,不管用户是否被视为值得信赖的还是不可信的。在上述情况下,使得分析的问题变得更加复杂。因此,具有能够进行可靠建模,能在复杂的环境下区分正常、异常以及可以接受、不可接受的用户行为,能检测到恶意内部行为,并对识别到的恶意内部行为做出反应的能力,将会对成功缓解内部威胁打下坚实的基础。

从大量的电子记录中准确、快速地识别出恶意内部行为(如网络接入和审计日志)也需要有效的行为模型。在一个说明性的场景下,基于这些模型进行校准的传感器网络将监测和记录整个复杂企业的用户行为。分析工具可以用来筛选各种数据存储、关联信息,并以有意义的格式提出。相关技术可以应用模型整理归类大量信息,并将其映射成内部行为的完整概况,它能够以可视化数据的方式提交给感兴趣的部门。防止文件被窜改的能力和保持信息、相关的敏感性标签以及任何与文件有关的传播控制的完整性的能力也都是必须的。传播控制的方法之一被称为标记路径,如果所有沿着从源节点到目的节点的访问路径都是允许的,那么,这条路径的相关信息可以被利用。应当制定增强的数字版权管理制度,无论何时某人试图读取、写入、修改、打印、复制、传播控制、分发或销毁相关的敏感标签或信息,都有相关的安全性策略对信息负责。这种功能将依照特定的安全性策略允许用户对全部或部分文件的控制进行高度定制。

6.4.6　检测隐藏的信息和隐蔽信息流

信息隐藏,来源于古老的希腊词汇"隐写",就是将要传达的信息隐藏在写作中,以这种方式传达信息,除了收信者没人知道其中隐藏的信息。检测隐蔽信息流依赖于从一个系统传输到另一个系统的信息流中的隐藏信息的能力。数据的隐藏或嵌入需要使用数学方法,通常是将信息内容添加到多媒体对象——如图像、视频和音频,还有其他的多媒体对象如可执行代码。当使用较先进的技术时,信息的质量几乎不会受到影响,但最后生成对象的数据大小明显增加。一个隐写的嵌入式消息还可能被加密。目前,还没有普遍适用的检测嵌入式隐写的方法,少数存在的几个通用原则往往是临时性的。在网电空间中,信息隐藏技术提供了一个无法检测传递信息的能力。

隐藏信息分析是指检查一个对象是否存在隐写的内容,并描述或摘录这些内嵌的信息。在水印中嵌入的内容可以传达一些关于覆盖对象的信息(如版权信息)。在此背景下,多媒体数据取证是运用科学和技术手段来检测一个多媒体对象是如何形成或被修改的,甚至是在原始对象缺失的情况下。隐写工具和技术的漏洞已经被公开。检测隐藏信息的技术已经被开发出来,它可以检测是否存在嵌入内容和估计嵌入内容的数量。隐写分析工具已经可以检测和分类被嵌入额外内容的封面图片。针对一些常见的嵌入方法,隐写关键词搜索的有效性的已经被论证,有限的关键词搜索能力的并行化已经显现。一旦隐写关键词被发现,嵌入的内容就可以从嵌入对象中提取出来并加以利用。这些研发进展已经解决了以数字图像作为覆盖对象的隐写方法。

隐蔽信息流可以通过将信息隐藏在合法信息流中来实现,或者通过操纵信息流属性(如时间)。例如,安全研究人员已经证明能够使用DNS 请求来创建信息流的隐蔽信道。当监测信息流时,隐蔽信道中的隐蔽信息流非常难以察觉。更重要的是,对于许多合法的信息流(包括 DNS 请求)是否嵌入隐蔽信息是不被监测的。有针对性的隐写分析技术只对一个单一的嵌入算法或算法类起作用。这种技术的全面性能够有效打击对手的隐写技术的使用。随着嵌入算法的不断发展和进步,如矩阵、基于模型的湿纸代码嵌入方法,这便需要更加有效的隐写分析技术,而且需要对隐写分析工具进行全面评估和部署,并需要证明其具有可扩展性。针对实际关键词长度的关键词搜索算法需要大量的计算能力。为了使其得到更广泛的应用,隐写分析能力必须通过使用特殊的高性能计算平台来增加其有效性。相对于静态数字图像,隐写分析在音频、视频、文件及其他形式数据上的应用还比较落后。当安全性级别要求较高时,监测信息流的隐蔽信道还需要继续开发更先进的算法,这些能力需要被部署来监测各种不同类型的合法信息流以识别隐蔽通信。评估、整合和部署大量的基础研究进展的资源是有限的,应该得到加强。

6.4.7 恢复与重建

恢复与重建是指在遭受网电攻击之后,迅速恢复网络、系统、数据的功能以及其可用性。恢复和重建必须能够快速解决正在进行的网电攻击所造成的大面积破坏以及无法控制的传播等恶劣后果。

恢复和重建必须对系统—网络、操作系统、中间件、应用程序和数据等方面进行部署和实现。在关键任务系统中,及时恢复和重建能力是异常重要的,它要将损失降到最低,这就意味着它们要在一场网电攻击中生存下来,即使被破坏也要恢复到一个可操作的状态,以维持任务系统的相关功能。系统还需具有最大程度的自动修复和自动恢复的能力。自动恢复,就是指一部分系统崩溃时,一个新的系统能够寻找流量的关键路由并将关键数据转移到未损坏的节点。同时,动态响应的恢复和重建要准确、及时地发现网电攻击。需要阻止恶意代码在网络中的传播,例如,只有彻底根除剩余的恶意代码,受损节点才能够恢复。而该技术领域与大规模网电态势的感知是密切相关的,与此同时,它还提供了恢复和重建所需的信息。

目前,恢复和重建的技术还比较落后。最常见的恢复和重建技术是冗余处理、物理备份与针对于组织机构及特殊服务供应商实施的恢复能力。这些技术注重于系统故障、崩溃和意外情况,而不是有目的的、恶意的网电攻击。在系统遇到非恶意的错误或系统故障时,当前的使用技术能够将数据库、应用程序和数据恢复到一个可运行的状态。而自我再生系统的研究正致力于使利用的系统能够自动恢复,但这种技术仍处于起步阶段。

自动恢复技术往往是以恢复数据为目的的,而不是重建大型的系统或网络。所以,需要更好的理解恢复与重建,将研究方向扩展到可以恢复今天的互联网攻击,特别是大规模的攻击,以及这样的恢复应如何完成方面。为了提高效率,恢复和重建要迅速,并且需要准确及时的信息作引导。评估技术能够迅速为网络维护者提供一个企业整体的情况,什么地方被攻击、哪里被破坏、属于什么类型的破坏(无论攻击是否对系统的保密性,完整性或者可用性造成破坏),以及系统的哪个部分受到影响等。此外,网络维护者还需要强大的决策支持系统,以便可以快速提供可能的行动防御方法。而在某些情况下,对网电攻击进行进一步的分析,可以使自我管理系统对恢复和重建的反应维持在一个基本的操作水平。

虽然可能有许多的网络允许继续通信,但网电攻击可能会更深入地入侵一个网络系统。这就需要评估技术对数据是否损坏以及损坏程度和影响进行评估,并且受损的数据需要在重建之后恢复到以前的完好状态。而应用程序可能需要重新载入,以确保彻底根除恶意代码。

同时,修复漏洞也同样重要,它可以消除网络攻击首先瞄准的安全漏洞。遭到攻击的 IT 系统的快速重建需要有创建检查站的能力,它可以捕捉到大型网络系统的运行状态,不仅仅是检索未损坏数据(如上所述),而且需要将受损的系统恢复到之前的运行状态。如此迅速的重建工作作为从重新建立整个系统提供了另一种选择,这对关键任务系统至关重要。

6.4.8 取证、追踪和归类

取证、追踪和归类是在网络异常或是受到入侵与攻击的过程中所体现出来的功能。这些功能可以帮助我们解决诸如以下的问题:计算机、系统或网络出现了什么问题,攻击起源于哪里,攻击时如何传播的以及它们由哪些计算机或管理人员负责等。可以这样定义网络追踪,它是一种收集、处理、解释和使用网络攻击证据方法的科学应用,这些证据帮助操作者使系统、网络和 IT 业务基础设施在受到攻击后得以恢复。取证分析帮助操作者分析敌对行为以及他们对系统、网络和 IT 业务基础设施的解释、理解和预见,此外,还可以为犯罪调查过程提供证据。

追踪的目的是要从受攻击的网络到任意中间系统或通信链路之间确定一条可行的路径。在某些情况下,计算机发起的攻击可能被自己攻破,也可能被一个或多个级别的远程系统控制,并使之免受系统的攻击。归类是指确定网络攻击源特性的过程。归类的形式包括数字标识(计算机、用户账号、IP 地址或授权软件)和物理属性并将信任作为应该选择哪些操作或资源的基准,而且归类还可以提供一种新的授权模式。

在法律中,对于常见的犯罪案,问责制是一个重要的威慑力量。可惜的是,在网电空间中,这种问责制是不存在的。通常,公共接入点允许匿名访问网络。即使有一些用于初始访问的身份形式,然而借助相关匿名,以及包含匿名服务数据或通信路径的模糊处理在内的多种工具的应用,用户仍然可以继续前进。由于互联网的相关通信协议的认证能力不足(或如果有认证能力但无法实施),它有可能欺骗通信,从而使那些恶意攻击行为能够隐藏自己的位置和身份。此外,黑客经常通过隐藏自身和借助大量的机器来进行通信,以便隐藏自己的踪迹,这样一来就很难确定互联网信息具体来自哪台主机。伴随着互联网的多种特性,上述问题逐渐加剧,而这些特性使得网络能够通过并未稳固联系的各地主机来攻破路径。而且,很难将数字特征与特定的人联系在一起。通过否定匿名用户、肯定安全用户、取证、追踪和归类可以帮助我们将互联网的设计缺陷降低到最低。

目前,在计算机取证工具方面的商业投资主要集中在需求、做法和执行程序三方面。通常情况下,在采用新的 IT 流程和能力时法律执行是保守的。对于任何搜集到的信息,行政人员都要求其过程真实、程序具有可重复性、数据具备完整性等。具备上述要求的法律执行过程和程序并不太容易适应新引进的技术。而网络调查一般是在系统关闭后进行的,从而导致系统中重要信息(如恶意软件、正在运行的进程和有源网络)依然会丢失掉。由于保全和分析这些证据至少需要 90 天,而此时的数字信道所显示的分析状况已经模糊了,所以,在大多数情况下,目前的调查工具还远远落后于人们所期望的法律执行能力。

现在许多计算机网络的自我保护调查程序都是从 ad hoc 网络开始,然后再进入计算机或网络的,从而有效地遏制了当前的网络攻击。而大多数的证据分析还是由人来操控的,包括时间和时间的重建以及基于主机入侵的检测系统(IDS)。然而,IDS 中关于攻击可能来源的报告却无法自动验证。所以,需要我们调查出它到底是入侵的还是合法的。在科学意义上,许多 IDS 系统和企业的安全工具不是辨证的,但却支持人类的认知和调查过程。

痕迹跟踪能力受攻击源 IP 地址能力的限制。一些规格的网络信息源(如追踪路径和 DNS 的登记)常常能寻找到一条回到有服务商所提供的主机的路径。路由器净流量(计算网络流量的一种计量)的信息(如果存在可用的话)也将是会很有用的。对于一个国家或其发展水平来讲,地理信息固然是很重要的,但对于一个基于卫星的互联网提供商来讲就未必是这个样子了。动态 IP 地址的分配使归属性极具挑战性。一般而言,提供商只有与攻击者合作才能更有效地指正攻击者。然而,很多时候,对个体的攻击证据依然没有定论。此外,一些没有经过网络识别和验证的一些无线接入点和网吧等,进一步加剧了问题的严重性。

当来自不同服务供应商和不同 IP 地址的个人或计算机进入互联网时,能够跟踪这个个体和互联网的能力;可以用目的主机进行远程操作、实地调查和数字证据的保存,这就使得攻击信息仍然保存于系统内存中;而网络的取证能力是针对垫脚石攻击者的。可以提供大量的网络信息以确保追踪路径是可靠的,并能够提供一些可以增强信服力的技术。对于计算机网络防御分析师来讲,这些技术无疑将成为支持一个有价值决策的工具;与此同时,还应具备分析判断的能力,能够依照部分可用的证据来准确预见错误处理的相关率。这一点也将为计算机网络防御分析师提供一个有价值的决策支持工具。

6.5 小　结

本章首先介绍了网络环境的安全,主要介绍了网络环境的参与者主要是用户、商业部门和监管人员。用户又被分为个人、团体和非商业企业。商业部门代表所有的盈利和非盈利企业经营者,并受到日益的关注。监管人员是这些部门在法律上的代名词。每个参与者都受到类似的安全限制的影响。了解网络安全事故的原因是认识网络安全一个很好的起点。网络安全事故有以下五种类型,即固有风险、技术弱点、政策弱点、未经授权的入侵者(黑客攻击)、法律问题。然后介绍了以下五种攻击类型,即基于口令的攻击、IP 欺骗、利用可信接入点攻击、网络监听和利用技术漏洞攻击,并针对这些攻击类型提出了网络安全的技术和非技术措施。使网络安全的非技术方法主要包括制定企业安全政策,并培训用户学习这些安全政策。另一方面,使网络安全主要的技术措施包括访问控制、身份认证、加密、防火墙、审核、防病毒工具和自评工具、防火墙和路由器结合的方法。同时介绍了各种安全技术应对各种攻击类型的优缺点。接下来又介绍了网电空间信息安全保障技术,主要包括:认证、授权和信任管理,访问控制和权限管理,攻击保护、预防和先发制人,大规模网电态势感知,自主的攻击检测、警告和响应,内部威胁的检测和消除,检测隐藏的信息和隐蔽信息流,恢复与重建,辩论、痕迹跟踪和属性。

参 考 文 献

[1] Chou D C, Yen D C, Lin B, et al. Cyberspace Security Management[J]. Industrial Management & Data Systems, 1999, 99(8): 353 – 361.

[2] Cross R H, Yen D C. Security in the Network Environment[J]. Journal of Computer Information Systems, 1989, 29(1): 14 – 20.

[3] Barrett D J. Bandits on the Information Superhighway: What You Need to Know[M/S. l.]: O'Reilly & Associates, Inc. , 1996.

[4] Angell D,Zelhka E. The Copyright Question[J]. Internet World Magazine, 1997: 65 – 66.

[5] The Interagency Working Group of USA. Federal Plan for Cyber Security and Information Assurance Research and Development, 2006[EB/OL]. http://www. nitrd. gov/pubs/csia/csia_federal_plan. pdf.

第7章 态势感知

现如今,在发生安全事故时,安全管理人员最可能问的三个问题是:发生了什么?为什么发生?该怎么办?前两个问题的答案恰恰形成了网电空间态势感知的核心,而最后一个问题的答案则很大程度上取决于网电空间态势感知的能力。

本章将给出态势感知的广义定义,描述态势感知的参考模型和过程模型,以及一些应用过程,并给出一系列测量态势感知支持能力的度量方式。这些都是独立于网电空间的技术,本章还将描述它们是如何应用的。

7.1 态势感知概述

对于态势感知,有多种定义和解释。Mica Endsley 博士在态势感知方面的工作成果给态势感知的定义和技术标准的确定提供了参考,尤其是在动态环境领域。Endsley 给出的动态环境态势感知的定义如下:

"态势感知是环境因素在一定时间和空间范围内的感知,是对其含义的理解,以及对其在不久的将来的态势的映射。"

Endsley 还区分了态势感知(一种知识境界)和态势评估(追求,获取或保持态势感知的过程)。将计算机自动化用于态势感知时,这种区别极为重要。因为态势感知是"一种知识境界",它主要存在于人类的头脑(认知)中,而作为一个或一系列过程,态势评估则适用于自动化技术。

Endsley 还指出:"态势感知、决策制定和性能受不同阶段的不同因素的影响,而且在处理这些因素时要采用完全不同的方法;因此,处理过程是十分重要的。"

Endsley 所说的"阶段"在态势感知相关性的观察和调整、决策的制定以及性能的执行方面与 Boyd 理论中无处不在的 OODA（Observe，Orient，Decide and Act）循环是直接相关的。我们将详细讨论 Endsley 态势感知的三个层次（感知、理解和映射）。

《美国陆军野战手册 1 - 02》（2004 年 9 月）中指出，态势感知是：

"为了便于决策，在战场内对于当前态势的发展及时、中肯且准确的估计和理解。是一种信息化的感知技能，可以培养一种快速确定逐渐发展事件的背景及相关内容的能力 。"

其中还指出，"态势感知这个词描述了一种存在于特定时间点的对战场的一部分或全部的态势的感知。在某些情况下，沿着事件发展轨迹并先于当前态势的信息是令人感兴趣的，如同洞察态势将如何展开。态势的组成部分包括任务和对任务的约束（如交战规则），有关势力的能力和意图，以及环境的关键属性。"

Alberts 定义的态势组成部分是态势被认知和识别的关键，其主要的关注点是，在考虑友方或竞争对手时，对于能力、机遇以及意图所做出的分析。此外，他对感知的另一种定义是：

"感知存在于认知领域，它涉及一种态势，而且是一种先验知识（以及信仰）和当前现实观念之间复杂相互作用的结果。每个人对于任何军事态势都有独特的感知。"

他对这一定义的进一步解释是：

"涉及到的理解认知具有足够的知识水平来描绘推断态势可能的结果，也具有足够的感知水平来预测未来的发展模式。"

Alberts 声明了以上三个定义（注意对照 Endsley 的感知和映射的概念）：

"态势感知注重过去和现在已知的内容，而对于军事态势的理解则专注于态势如何发展，不同的行动如何影响新生的态势。"

Alberts 与 Endsleys 之间的区别在于，Alberts 将感知与理解相分离，而 Endsley 把理解作为了感知的一部分。此外，Alberts 似乎在暗示对于态势的分析只能作为认知过程来执行。最后，作者没有专门针对态势感知，而是对态势和影响评估进行了定义（回想 Endsley 描绘了态势感知和态势评估的不同，但并没有推断出态势评估可以用于态势感知）：

　　"第二层——态势评估：估计并预测实体间的联系，包括势力结构和交叉势力关系，通信以及感知影响，物理环境等。

　　"第三层——影响评估：估计并预测计划好的态势的影响或已由参与者估计/预测的行动；包括多成员行动计划之间的相互作用（例如，在已知行动计划的情况下，评估敏感性和缺陷以估计/预测威胁行动）。"

　　还有许多对态势感知的定义，但是上述定义被人们广泛接受。从20 世纪 90 年代至今，JDL（Joint Directiors of Laboratories）数据融合模式用来描述传感器融合和多传感器融合。Endsley 博士定义了许多态势感知支持的应用，而且 Alberts 的工作成果也受到广泛认可，成为业界标准。

　　那么，什么是态势感知呢？参考文献对 Endsley 的定义进行了细微的修改：

　　"态势感知是在一定时间和空间内对环境因素的感知，是对其含义的理解，对其在不久的将来能做出优越性决策的态势的映射。"

　　如果把 Alberts 的定义应用于计算机自动化，并提供对感知现实的分析，那么，它将会与上述定义形成一个有机整体。我们还可以将他对理解的定义同 Endsley 对推断的定义相等同，这是一种很自然的联系，它们都考虑在已知当前态势的情况下，如何掌握未来态势。需要注意的是，所有这些定义都包含着时间因素。时间包含利用过去的经验和知识来认证、分析、理解当前态势以及对未来可能的映射。这使得决策者可以保持感知，做出决策并去行动以影响环境，然后新环境又促使态势更新，这就需要更多的决策和行动，从而形成一个连续循环过程。时间维度和持续性决定了环境是动态的，因为态势和态势内的元素将随着时间推移而改变。

7.2　态势感知研究背景及现状

　　随着信息和网络技术的飞速发展，出现了许多旨在攻击主机和网络的威胁行为，如蠕虫、远程入侵和分布式拒绝式服务（DDoS）攻击等。

为了做出控制整个网络的安全决策,必须首先完成对安全态势的感知。

网电空间的安全态势感知(CSSA)模型是一种研究模型。在模型建立后,可以分析各系统组件之间以及系统组件与环境之间的关系。

态势感知的概念是在对航空飞行人为因素的研究中产生的,之后广泛应用于军事战场、核反应器控制、空中交通管制(ATC)等领域。

Endsley 等人介绍了态势感知的三个层次阶段。

(1)一级态势感知:环境元素的感知。

(2)二级态势感知:当前态势的理解。

(3)三级态势感知:未来状态的推测。

网电空间态势感知(CSSA)是从空中交通管制(ATC)中产生的新概念。1999 年,Tim Bass 等人首次提出了网电空间态势感知的概念,即网络安全态势感知,并将网电空间态势感知和空中交通监管态势感知进行了类比,旨在把空中交通管制态势感知的成熟理论和技术迁移到网电空间态势感知中,随后提出了基于多传感器数据融合的网络安全态势感知框架模型。很多研究者和研究机构也开始研究网电空间安全态势感知系统。Shifflet 采用本体论对网络安全态势感知的相关概念进行了分析比较,并提出了基于模块化的技术无关框架结构。美国国家能源研究科学计算中心(NERSC)所领导的劳伦斯伯克利国家实验室于 2003 年开发了"Spinning Cube of Potential Doom"系统,该系统在三维空间中用点来表示网络流量信息,极大地提高了网电空间安全态势感知能力。美国国家科学技术委员会(National Science and Technology Council,NSTC)在 2006 年的"网电空间安全和信息保障联邦规划"中,把 CSSA 定义为"是一种辅助安全分析人员进行决策的能力,通过对 IT 基础设施安全状况的可视化,区分其关键与非关键部件,掌握攻击者可能采用的行动,调整防御策略"。

网电空间态势感知的发展现状如下。

(1)网电空间态势感知系统和物理态势感知系统有着根本的区别。例如,物理态势感知系统依赖于特定的硬件传感器和传感信号处理技术,但是无论是物理传感器还是特定的信号处理技术在网电空间态势感知系统中都起不到重要作用(尽管我们对于将信号处理技术用于分析网络流量和趋势已有一定的研究)。网电空间态势感知系统依赖于网电空间传感器,如入侵检测系统中的日志文件传感器、反病毒传感器、恶意程序检测器和防火墙;它们都是在较高的抽象层次中产生事件而不是原始的网络数据包。又如,网电空间态势的发展速度比物理态势的发展速度快了几个数量级。最后,网电空间攻击/态势有独特的语义。

(2)现有的网电空间态势感知的方法包括漏洞分析(使用攻击图表)、入侵检测和预警关联、攻击趋势分析、因果分析和取证(如回溯入侵)、感染和信息流分析、损坏情况分析(使用依赖关系图表)和入侵响应。然而,这些方法只工作在较低层。较高层中的态势感知仍然需要人工手动分析,费人费时费力,且容易出错。

(3)尽管研究人员已经着手解决决策者的认知需要问题,但是在人类分析与网电空间态势感知工具分析之间仍存在巨大的差距。

(4)现有的方法应该能够更好地解决不确定因素。

感知数据中的不确定因素导致了态势感知的扭曲。例如,可以设计攻击图标分析工具来分析不确定攻击产生的后果。在实时的网电空间态势感知中,不确定因素将很大程度地影响这样的结果分析。预警关联技术不能处理内在的不确定因素,这种不确定性因素与不准确的入侵检测传感器报告解释是紧密相连的(这种不准确的解释会导致对于一个攻击的入侵检测系统(Intrusion Detection System,IDS)预警关联为伪阳性或伪阴性)。

数据或知识的缺乏可能引发其他不确定因素的管理问题。例如,数据的缺乏会使"我们"的知识不完整。这种不完整性可能是由系统配置信息的不完善、传感器部署的不完整等所造成的。

(5)现有方法缺乏获取完整网电空间防御态势感知所需的推理和学习能力。

(6)网电空间态势感知的七个部分一直被视为相互独立的模块,然而,完整的网电空间态势感知需要将这些模块融合为一个整体。但是这种解决办法在目前尚不存在。此外,考虑到未来网电空间态势感知及其如何对其他网电空间防御技术进行支持,网电空间态势感知活动需要更好地整合(如入侵响应活动)。

7.3 态势感知的研究范畴

网电空间防御态势感知主要包含以下七个方面。

（1）了解当前的态势，也称为态势感知，包括态势识别和认证。态势认证包括认证攻击类型、认证攻击源以及认证攻击的目标等。态势感知优于入侵检测，入侵检测是网电空间防御态势感知的素源。一个 IDS 通常只是一个传感器，它对攻击并不识别也不认证，只识别活动中添加的事件是否属于攻击的一部分。

（2）防范攻击的影响，也称为影响评估（Impact Assessment），主要包含两部分：评估当前的影响以及评估未来的影响。漏洞分析也是影响评估很重要的一部分（向我们提供信息并对未来影响实施保护）。对未来影响的评估也包括威胁评估。

（3）注意态势如何演化。态势轨迹是网电空间御态势感知的主要组成部分。

（4）注意对方的行动。攻击趋势和意图分析是网电空间防御态势感知的主要组成部分，相对于态势本身更能指向对方在某种态势中的行为。

（5）注意当前态势是为什么、如何产生的，包括起因分析和取证。

（6）注意所收集的态势感知信息以及通过这些信息中所做出决策的质量（可信度）。质量度量包括真实性（正确性）、完整性和实时性。这一方面可以视为态势感知的一部分或更为具体的认可。

（7）评估当前态势可能的发展方向。这涉及到多种技术，用于应对今后可能的敌对活动/行为以及对手可能采取的方法，从而驱使着今后的发展方向走上正轨。这种驱动作用需要对对方意图、机会和能力（他们的知识）的了解，也需要对蓝色漏洞（Blue Vulnerablities）的了解等（我们的知识）。

网电空间态势感知可以视为一个三相过程（Three Phase Process）：态势识别（包括1、6、7 三个部分）、态势理解（包括2、4、5 三个部分）以及态势保护（包括第三部分）。

态势感知是通过系统获得的,该系统通常受到随机的或有组织的网电空间攻击威胁(网络—物理)。尽管最终理想系统是可以无需任何人类决策而自我感知(并自我保护)的,这一设想距现实情况仍然十分遥远,而且并不存在实现这一设想的切合实际的途径。在本章中,我们将决策者视为获取态势感知系统不可或缺的组成部分。实际的网电空间态势感知系统不仅包括硬件传感器(如网络接口卡)和"智能"计算机程序(如可以识别攻击特征的程序),还包括做出高级决策的人脑活动过程。

最后,网电空间态势感知可以在多个抽象层中获得:原始资料是在较低层获得的,而在较高层中,数据转换为更抽象的信息;否则,收集的数据在最底层可以十分容易地覆盖决策者的认知能力。显然,态势感知仅仅基于低层数据是不够的。

通常,网电空间态势感知不包含以下几个方面,但是它们与上述网电空间态势感知的各个特点在实现网电空间防御的总体目标上是相辅相成的。

(1)找出更好的应对方法和行动。这一方面可称为计划,处于态势感知和态势响应的边界,在该领域中将策划采取的行动。通常包括在实施策划之前对计划的效果进行估计。计划是指响应和行动都是命令和控制功能(决定和行为),而且一般不包含在态势感知内。然而,它们也不能完全脱离态势感知,并做出有效反应和行动。

(2)按照行动步骤做出计划。态势感知使得决策者可以对于某一态势进行感知,并且根据态势的理解做出决策。一旦做出了决策(对于响应行为的),计划和执行行为将会发生。

7.4 网电空间态势感知模型

本节为上述态势感知的定义提供一种参考,并提出一种与之相匹配的过程模型,对由该模型引起的组件和概念进行分解,以及对一些性能和效果进行度量。所描述的大多数想法可以应用在任何领域,这些领域可认为是不可知论领域。最后,本章通过一个实例来体现领域中独立的想法如何应用在网电空间领域。

7.4.1　态势感知参考模型

根据 Endsley 所描述的,态势感知是始于感知的。感知提供了环境中相关元素的状态、属性以及动态信息。它还包含将信息分类为可理解的表现形式,以及为理解和映射提供基本构建模块。对于态势的理解包括人们是如何对信息进行组合、解释、储存和保留。因此,理解信息比感知信息或注意信息包含更多的内容;它包含对于多条信息的整合,以及对于个人潜在目标的确定,并可以推断或取得有关该目标的结论。理解通过确定目标和事件的重要性产生一个井然有序的画面来描绘当前态势。此外,作为一种动态过程,理解必须将新的信息与已存在的知识相结合,以产生一个态势发展的合成画面。态势感知引用态势元素的状态和动态的知识以及在此知识基础上做出预测。

McGuinness 和 Foy 对 Endsley 的模式进行了延伸,添加了第四层,他们称其为"决策层(Resolution)"。这一层用来确定当前态势转换到理想状态的最佳路径。决策层从可行行动的子集中制定出单一的行动。McGuinness 和 Foy 认为任何成功融合的系统必须是动态且有弹性的。它也必须处理从数据采集到感知、预测、获取额外数据并以恰当行动结束的整个过程。McGuiness 和 Foy 以很好的类比正确看待 Endsley 的模型与他们自己的模型。他们表明感知层试图回答以下的问题:"当前的情况怎么样?"理解层问:"怎么回事?"映射层问:"如果这样可能发生什么事?"决策层问:"应该怎么做?"对于决策层问题的答案不是要告诉决策者去执行特殊的行动或做出特殊的决策,而是对于结束活动的选择以及它们对环境产生怎样的影响。指令和控制功能实现执行的实际决策或行动过程的具体细节,这是为了达到某种效果。

另一点需要指出的是,设计的模型不应该是一个串行过程,而应是并行过程。每层的功能(例如,在 Endsley 的模型中,感知层、理解层、映射层,再加上决策层)彼此间相互连续地提供更新,这个过程是并行发生的。还要注意的是,每一个子组件(在两种模型中)彼此间也是连续地相互作用并将各自的数据/知识发送给其他组件。另一点要注意的是,在分析的过程中,每一个步骤都应向决策者高度透明。

上述的态势感知参考模型是在 JDL(Joint Directiors of Laboratories)

数据融合模型和 Endsley 的态势模型基础建立的。除了提出该模型外,还提供了对该模型各组件的定义。

对于 JDL 第一层和第二层代表什么仍然存在争论。一种看法认为 JDL 第一层只进行跟踪和识别个人目标,而 JDL 第二层是按对象之间的关系识别分组的集合。例如,JDL 第一层的对象可以是各种装备(如坦克、装甲车、导弹等)。在 JDL 第二层中,人员的装备可以基于时间和空间聚合到一个单位。JDL 第一层试图回答如下问题:存在和大小分析(有多少?)、认证分析(什么/谁?)、运动学分析(哪里?)并包括一个时间元素(何时?)。但是如果我们考虑到这种 JDL 第一层与第二层之间的分离,那么会出现如下几个问题:我们如何解释概念或非物质对象;我们能不能像追踪物体一样追踪一个群体或活动? 什么是态势? 系统如何获取必要的先验知识(或关系)来进行聚合? 各模型间对于识别一个对象、一个群体或一个活动的区别是什么? 要回答这些问题,首先介绍一些基本定义,然后利用这些定义来完善我们所提及的 JDL 第一层和第二层的含义。之后,将探讨 JDL 第二层和第三层之间的区别,以及 Endsley 所指的映射。"实体"被定义为"某种独特的,独立存在的事物,而它的存在形式不一定是以物质的形式存在。"特别地,抽象概念和法律体制(Legal Fiction)通常被视为实体。通常,"实体"这个词往往用来表示人类、动植物。"对象是一个物理实体,能够通过感觉捕捉";"某种可通过视觉和触觉感知的事物"。如果实体不是物理对象会怎样呢? 我们该如何描述它? 一般来说,抽象的实体仍然可以与时间或抽象的概念相联系(如电话、金融交易等)。

群体是指"一定数量的彼此间以一定关系相联系的事物"。群体可以是一个利益集团(恐怖组织、宗教组织)或编制的群体(警察、政府、非政府组织或者军队)。事件是指"发生的事情;发生在任意时间点的事情;在已知的时间和地点发生的事情"。实体和群体都可以与特定的事件或多个事件相联系。Snidaro、Belluz 和 Foresti,进一步将事件分解为三类:简单的、空间的和传递的。他们定义简单的事件只包含一个单独的实体,并与其他的实体间没有相互作用;空间的实体是指发生在空间内且有一个具体位置的事件。第三类事件,传递的事件,包含两个以上且相互作用彼此联系的实体。空间的事件可以是一个在特定时间的已知位置的体积(实体)或单位(群体)。如果该容器或单位与其他的体积或单位相互作用,那么我们说这是个传递的事件。

活动指的是"一种行动或运动"。活动是在时间或空间上与一个或多个事件相关的实体或群体的组合。因此,根据事件的定义,群体或活动可以视为一个复杂的实体,可以简单地跟踪或识别一个简单的实体。作为一个侧面说明,JDL 词典,定义实体为"任何对象或对象集(事件或事件集),形成了使用数据融合过程这一假设的基础",但是并没有提供对于对象或事件的定义。通过上述定义,我们认为,活动以及这些活动的时间(我们称其为态势)是 JDL 第一层的一部分,也是其结果。对于 JDL 第一层进行对象,群体或活动的识别,模型或先验知识是必须的。这种先验知识(即关系和联系)是通过"知识发现"以及由操作员认证或直接提供而理解的。我们注意到"知识发现"技术只能了解到统计上相关事件的发生,并不能了解到新的或新颖的想法,因而需要知识启发或人们对于可能的存在进行推断猜想。事实上,有经验的决策者对于一种活动的猜测本身就是十分关键的一种或一系列活动,这在提供态势感知的能力时必须要考虑在内。那么,这种活动到底是什么样的呢?比较典型的活动范围是从常规战争中军队与军队间的行动,潜在的多级或相互配合的网电空间攻击,潜在的恐怖袭击到战争之外的作战活动。这些活动都由若干相互联系、相互作用的时间和过程组成的。我们把态势定义为一个人活动集合的世界观。我们认为一个计算机系统可以识别一种基于某种先验知识的正在发生的活动,该活动与若干对象/事件相互联系,但是其自身不能发展,也不能提供态势感知;只有人(决策者)可以感知。计算机是一种工具,可以辅助/支持人开发和维护感知。因此,我们认为,基于各自的环境,每个人都有一种感知或世界观。共享的态势感知是一种许多个体对于一种或一系列具体活动的一致观点。同样地,越来越多的团体开始支持"共享行动计划",代表群体通过观察共同的信息和简化数据而进行决策的制定。

JDL 第二层的定义不区分过去、现在和将来。而 JDL 第三层,影响/威胁评估则是专门针对于未来的(对于预测行动的估计)。为什么我们不能了解当前的威胁或影响?当前态势与映射或预测的态势有什么不同？我们可以依靠设计的时间表而得到不同的影响/威胁吗？研究引导着我们去关注 JDL 第二层或 Endsley 的理解层,同时处理当前态势(对当前态势的评估更像是损害情况估计,因为影响已经发生了)并关注 JDL 第三层以及 Endsley 的映射层,即对于当前态势及其分析的映射(也即未来的影响和威胁)。这样,我们是基于时间而不是功能将 JDL 第二层和第三层的评估划分开来。

此外,Bosse、Roy 和 Wark 定义态势评估为"一种对于态势的量化评估,需要处理判断、评价和相关性的概念"。态势评估包括影响评估和威胁评估两部分。

影响评估为"……一种事物对于另一种事物的印象力量,是一种驱动的或强制的影响。影响的概念是一种事物对于另一种事物的影响。也就是说,对计划的或预测的行动的态势(包括多个参与者的行动计划之间的相互作用)进行影响评估。"

同时,他们也定义了威胁评估:"一种对于制造灾害、伤害或损害的意图的体现。对于威胁分析的关注是去评估发生真正的敌对行为的可能性,如果真的发生,那么将预计可能发生的事情……"我们注意到影响/威胁评估的唯一的不同是,它们只关注未来发生的事。基于上述定义,我们可以进一步定义态势评估是对当前态势的理解以及对于"我"的影响(其破坏性),当前态势对于未来的映射(我们称为对于可能未来的集合)以及对于可能的未来潜在的影响/威胁。在 Endsley 的第二层或理解层,我们需要对"我们"的理解以及什么对于"我们"是重要的。为了做到这一点,需要了解"我们"的资源(能力),什么对于"我们"是重要的(特性)以及"我们"的薄弱环节是什么。基于这些信息,当前态势中的已识别的活动可以根据其影响(相关的损害)和威胁(增加/减少)进行分类。或者,这些活动可以以影响最大和威胁最大进行分类。

在任何控制系统中,反馈都极其重要,尤其当系统处于动态环境中时。在这里,我们讨论的是什么样的反馈,或者说什么样的 JDL,可称为针对 JDL 的第二层或第三层的流程细化(第四层),以及这些概念是如何实现的。我们也会指出它是如何受映射影响的。流程细化的基本定义是由两个相互独立的功能模块综合在一起。为了便于讨论,我们把它们划分为外部和内部两个流程。在外部流程中,我们关心的是为传感器或信息采集设备提供位置信息,这些信息基于对象/实体或工作组移动的预期与预测。一个典型的例子是对某个对象进行跟踪。当前系统的一个主要跟踪算法是 Kalman Filter 算法。该算法可以预测某个对象在未来某一时刻的位置增量。然后,再把位置信息提供给传感器进行更新。在理论上,可以在概念上和工作组中运用类似的方法,从而适应非物理实体。

回想一下我们修改后的第二层的定义,其主要是对当前态势的评估。当我们需要对当前态势进行更进一步的分析和理解时,可能会出现一些新的问题,而且需要更多的数据来修复系统漏洞或降低给定数据的不确定性。这些可以被视为是额外的或修订的数据采集的要求,而且可以作为信息采集过程的反馈信息。第三层可以从稍微不同的角度为信息采集过程提供类似的数据。预计活动只是从单一的当前态势以及未来的多重性发展而来的。对于每一个多重性,分析师可以判断出其中的关键事件,这可以帮助他们确定该从哪一点开始着手研究。这些关键事件可以用于驱动数据采集要求的实施。

内部流程同样需要进行监测,以确保信息处理系统满足设计的要求。在对象级别上,某时刻基于环境特征的输入源有助于跟踪或鉴别对象,把相同的传感数据发送到多种算法(多种算法同时运行),未来可能会得出不同的结果,这些结果将以某种方式结合。类似的概念同样可以用在活动级别上。另外,先验知识或模型可以作为内部流程细化功能的一部分进行更新。由于在分析和规划过程会产生新的信息,得出新的知识,决策者(或分析师)需要更新现存的模型或添加/创建新的模型。需要说明的一点是,虽然某些方法(如数据挖掘、知识发现等)能帮助用户发现新的关系或模式,但在很多情况下,它们也会产生毫无意义的模式或干扰。这些方法也可以基于过去的行为或活动,可能不会产生有效模型来鉴别新的行为和活动。鉴于以上的情况,人们如何使用这些方法作为输入源并确认/验证结果显得十分重要。这些方法通常无法得出"新事物",或者无法得出仅被少量数据所支持的前所未有的模式或关系(或是在大多数情况下没有统计相关)。人类仍然是迄今为止最有能力开发这类模式的,并且任何技术/接口都必须以此为依据。图 7.1 所示为在本节中定义的每个组件是如何组合在一起的。

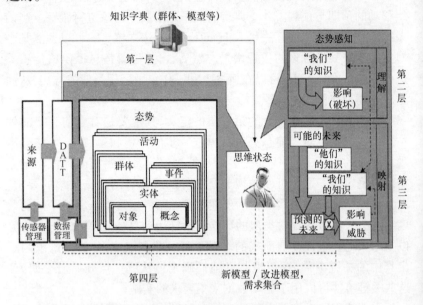

图 7.1 态势感知参考模型

7.4.2 态势感知过程模型

上面已经对参考模型进行了详细描述,将该模型当作一个瞬间的过程。该过程的输入所呈现的是世界上正在发生的事情(环境中的原始元素),即观测量。假设所有与观测量有关的属性都经过净化和标准化,且已被转化为能为后继的过程所使用的形式。我们所感兴趣的观测量指示着决策者的需求或感兴趣的活动(Activities of Interest, AOI),这是一种增长或维持态势的方式。AOI 是基于目标、方针或一般的令人感兴趣的"东西"。AOI 能以某些形式来储存和操作,如图形、贝叶斯(Bayesian)网络、马尔可夫(Markov)模型,或其他众多的建模技术。当向过程中输入观测量时,它们会被分类:

(1)与现有的、正在进行的活动中的新阶段或步骤相关联;

(2)与当前不存在的活动关联起来,然后作为新活动的起点;

160

（3）触发现有活动的结合、合并或消亡。该过程类似于追踪个体对象（通常指第一层的融合），这就是为什么虽然这部分过程大多是象征性的，但仍是第一层过程或作为对象 ID 的一种形式和追踪。然而，这种情况下，我们的目标是一个活动，一个复杂的对象。当将观测量与一个活动或活动中的步骤关联起来时，相关的经典追踪问题也开始上演。我们可以把这些活动当作假想。

假设在任意给定的时间 t 内，一系列活动都在进行着（在当前态势之前定义的）。此时，我们会对分析这些活动的意义感兴趣吗？这就是所谓的态势评估（如图 7.1 所示的参考模型右侧）。态势评估的总体目标是决定进行中的活动是否都对"我们"有影响，或者是否会有影响（在未来）。第一部分针对当前的活动，并评估这些活动所带来的影响。由于这些活动都已发生，就把这个当作"损害"评估，即这些已识别出的活动中是否会造成影响的，特别是，是否造成需要开发恢复计划来解决损害？为了完成这项评估，不仅需要是当前已知的活动，而且还需要知道"我们"意味着什么。所需要的信息即所谓的"我们的知识"中的一部分。这种数据包含关于"我们"的资产或能力重要性的知识。如此，决策者就能识别出该部分过程是否对我们完成一项业务的任何能力或资产，以及资产本身造成影响（损害）。

以上，我们讨论了当前态势，同时对态势，包括该态势对业务造成的影响进行了评估，但一个决策者可能还会对对手（或竞争者）正做的或可能做的事情感兴趣。通常将这种情况形容为"深入了解对手的OODA 环（Observe，Orient，Decide and Act Loop）"。我们越早知道对手会做或可能做的事情，决策者就会有越多的选择。过程中的第一个步骤是，基于所提供的先验知识，进行感兴趣的活动，将其作为模型的一部分。我们在这里不讨论时间本身，即我们不是基于时间来推行活动的，而是基于下一个步骤。在某些情况下，从一个阶段进行到另一个阶段只要花几毫秒的时间，另一些情况则可能会花上几天，甚至更长的时间。要进行多少阶段是由"配置数据"来决定的。所以仅仅基于模型本身，我们能够将每个当前的活动推进一步；然而，这些预计或可能的未来没有考虑到合理性问题。为了确定合理性，我们需要考虑额外的知识。"他们的知识"和"我们的知识"都需要了解。特别是，我们需要知道对手是否具有这种能力、潜能和意图/目的,以及他们过去是否表现出类似的行为。我们还需要知道他们是否有机会成功完成这个意图/目的。很多情况下,这种机会是基于我们自身的脆弱点(作为我们知识的一部分)。如此,我们就能以未来的所有可能性为起点,采用"他们的知识"和"我们的知识",促使每个感兴趣的活动的合理性成为可能。

但这些合理的未来对我/我们又意味着什么呢?为了回答这个问题,我们再利用"我们的知识"(资产/能力的重要性),来识别潜在的影响和威胁以实现目标。从这部分的过程中,我们不仅获知了未来潜在的影响/威胁,而且还能够利用这些知识来决定未来的采集需求。基于未来的每个可能性,可以识别出关键辨别事件,以帮助我们确定未来会怎么演变。之后辨别关键事件就能确定采集需求,以识别出这些貌似合理的未来是否真会发生。

图 7.2 所示的参考模型中存在着这样一种危险,即它是作为一个顺序数据或信息流被感知到,而不是组件和观点的描述性模型。为了避免这种危险,我们根据参考模型的概念,定义一种过程流和最终产物作为其架构。该过程模型的一个主要特征是,它定义了能够作为自动化计算机应用程序或共享人文/计算机系统来执行的组件,之后还可以将它们在系统架构中融合在一起。同时它还对信息流以及关键数据源开始起作用的时间进行了描述。

该部分描述了两种模型,并定义了它们的组成部分。态势感知参考模型给出了一系列定义,当过程模型在一个瞬间俘获一个过程时,这些定义就可以作为描述该态势感知系统的参考。而且,这两种模型为态势感知提供了一套共同的定义。这两种模型的其中一个组成部分——可视化还未被提及,下面将详细叙述。

7.4.3 态势可视化

态势可视化贯穿于两个模型中的各个组成部分。程序的每一部分对于可视化来说都是开放式的,但是每个又都面临挑战。这取决于是什么支持了决策者,以及在什么情况下他们需要感知,利益相关的活动应该是可以可视化的,就像各种评估的结果需要包含当前和未来的影

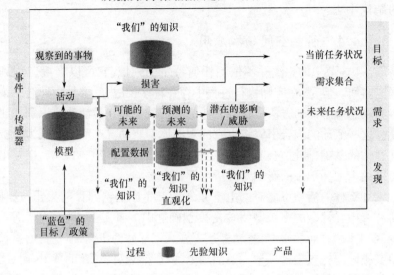

从观察到的事物到威胁的过程（时间，t）

图 7.2　态势感知过程模型

响一样。然而,对于决策者来说,需要快速而且完整的传送态势,尤其是大量的信息,这是一个相当具有挑战的课题。

在这一研究领域,可视化有三个基本的挑战。对抽象或者概念元素的处理、大容量数据的存储,以及快速传达处理结果到决策者。

首先是态势可视化不必依赖于地理空间展示或者基于物理对象的展示。目前,有多种技术应用于原始的和粗略相关数据的可视化,但是传送态势已经被证明是一个巨大的挑战。哪一种方法能够展示出现在和未来的态势,能够实现足够多的目标?这就需要对时间态势添加足够复杂的可视化,这样,态势的改变、趋势和预测就能够传达。在某些环境中,简单的地理空间展示可能是足够的,但是当抽象概念添加到物理实体中时,空间展示就仅仅是信息的一部分,这就需要对决策者进行展示。态势可视化仍然面对巨大的挑战。

在任何形式的可视化中,具有追溯原始数据和跟随处理轨迹的能力是十分重要的。为了让使用者能够对系统运行分析满意,需要建立一种程度的结论信任度。这种信任可以贯穿在自动流程

163

中,还可以贯穿到用户探寻数据本身决定它们是否能够得到相同的结论中去。

7.4.4 网电空间领域应用

7.4.3 节中的想法并不依赖任何特定的领域,它可以直接应用到网电空间。但是,在实际执行过程中存在许多挑战,就像是一种对决策者激励态势感知的方法。这种方法的关键就是对利益活动的识别和建模。这些活动的融合引擎将由它的观测原则驱动。这些活动成为分析和评估的基础,通过它们可以确定目前资产和任务带来的影响,推导出可信的未来和未来的影响对分析与评估的影响。

什么样的活动可能对网电空间领域产生影响? 到目前为止,这项研究集中在复杂的多级网络攻击模型确立上。事实上,基于这项活动探测和评估方面的研究,驱动了这一领域大部分的研究,但是目前这项研究被限定在攻击这项单一的活动上。在探索其他潜在的 AOIs 时,网络管理员可能会对政策的变化检测、防火墙的配置问题、网络攻击等问题感兴趣。对于公司经理来说,利益相关的网电空间活动可能包括滥用公司设备、对公司单位的攻击影响等。这也有可能需要一个跨领域活动的感知,从决策者的操作性到更高策略层面。一名空中作战指挥官,可能对怎样能够对网电空间领域内执行飞行任务产生的影响感兴趣;一个调度员可能对一个网络怎么攻击城市出租路由感兴趣等。这些都是通过使用利益相关活动模型,在这一领域中活动如何定义从而具有极大的灵活性,这样决策者就需要感知而不必限定在某个时间内的单一领域。但是这个挑战决定了利益相关活动和用于探测或者识别活动的可观测量。

特别在网电空间领域,我们定义一个单一模型来确定具有复杂多层网电空间的 AOI。这种观测是基于共同的入侵检测系统、应用程序和防火日志。目前,态势是基于当前时间确定的"攻击轨迹"。在网电空间实例中,环境是网络的拓扑结构,也是拓扑相关的数据集合。这种环境信息变成了"我们的知识",它可以用于操作目前态势的负面评估。随着研究的不断推进,实现每个组件的构建和互动是当前研究的热点,如图 7.3 所示。

164

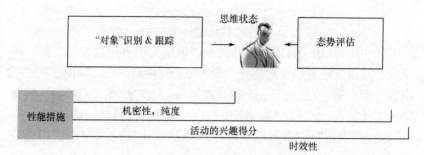

图 7.3 态势感知参考模型的映射度量

7.4.5 性能和效力的衡量

对于网络领域来说,一种称为"攻击轨迹"(攻击轨迹被定义为一种包括各种攻击手段的假设性多阶段的网络攻击)的度量方法被"利益驱动"所取代。当前通用的衡量方法有四种:机密性、纯度、成本效用和时效性。这些定义将描述该模型的各个部分的输入流表示为"源";网络传感器的输出和其他输出表示为"数据"。攻击轨迹与相关的活动和情况相一致。下面将要在更高的层次讨论每种度量标准如何映射到参考模型中。

目前的度量标准能够衡量一个系统是否能准确地融合证据,产生攻击轨迹,对攻击轨迹做出排列。一种度量标准是"攻击得分",已应用于系统使其能够评估影响和威胁并提高系统的值(更接近 1.0),让系统可以更完全地分析攻击轨迹在网络中的语境或执行任务的影响。攻击得分是利用更新过程来衡量更多的信息而不仅仅是攻击本身。对于更新的衡量被称为"有利益的活动得分"。在进行讨论时,度量标准关注的最后一个步骤是完成数据压缩。

式(7.1)描述的是关于数据信息率(Data – Information Ratio, DIR)的长度。DIR 是用于被提交给用户测量的整体数额的"东西"的减少。当给用户提交数据之后,用户往往会面临以下结果:

(1)被容量压倒和缺乏内容;

(2)要依靠个人的专长进行理解;

(3)心理对数据的处理过程(融合、评估、推断)。

$$DIR = \frac{复杂实体的数目}{观察到物体的数目} \qquad (7.1)$$

最初认为,如果自动合并和组织数据成为更有用的信息,那么,用户就会减少处理量以及更富有成效地维护环境的认识。DIR已被证明内容非常丰富,而且处于一个相当高的阈值。它往往表明的是一种类别的工作能力,而不是单独系统的能力。例如,在网络领域,我们注意到当处理"警报"(观测数据或事件)形成"攻击轨迹"(复杂的实体或活动)的时候,数据量会有平均两个数量级的减少。对于用户的优点则是代替成千上万的个人数据块,而只考虑现有的只有几百个可能的敌人发动的袭击的痕迹。攻击轨迹只有降低已呈现的初始信息量,使其具有"深度探讨"更多的细节的数据形成轨迹的能力。当结合的一种机制来排列袭击发生的重要性次序时,普通种类的分析作用开始变得明显。然而,超出了普通数据的减少量,DIR也不能为特别技术以及装备的能力提供有用的信息。

下面详细介绍度量标准。度量标准或衡量性能的措施分别是机密性、纯度、成本效用和时效性。如图7.3所示,机密性和纯度进行目标识别与跟踪、成本效用覆盖了整个模型的现状,影响评估和时效性。

1. 机密性

对于网电空间领域来说,假设所研究的是网电空间攻击,那么,保密程度就是这个系统检测真正攻击的工具(如假设的攻击)。保密性可以通过四个方面来度量:召回、精度、存储残片和管理信息系统的关联度。在图7.4中,它通过支持网电空间态势的感知能力来分辨空间的攻击轨迹。这样,攻击轨迹可以分为三类:已知轨迹;检测轨迹;检测的正确轨迹。其中,已知轨迹给出了攻击轨迹的地理位置和特定跟踪的所有信息。检测轨迹是通过网电空间态势的感知评估机制来假设攻击轨迹,包含了所有可提供的信息。而检测的正确轨迹是指通过网电空间态势感知系统来检测已知的攻击轨迹。如果没有检测到已知的攻击轨迹,检测轨迹将不会自己报错。

鉴于此描述,保密性可以用以下模型来表示,即

$$召回 = \frac{正确检测}{已知攻击轨道} \qquad (7.2)$$

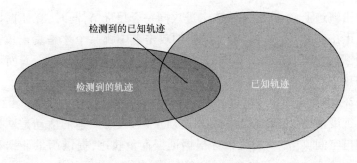

检测到的已知轨迹

检测到的轨迹

已知轨迹

图 7.4 网电空间的攻击轨迹

$$精度 = \frac{正确检测}{检测攻击轨道} \qquad (7.3)$$

$$关联度 = \frac{关联的部分}{检测攻击轨道} \qquad (7.4)$$

要完成对保密性的衡量还需要两个条件。如果一个片段可以看做是攻击轨迹,那么,它就需要包含另一个轨迹(式(7.4))。例如,在跳岛攻击中,目标计算机被攻破后,就会对其他计算机发起攻击。而为了正确地检测这种攻击,在任何时间目标都可能成为攻击者,所有这种攻击应在同一轨迹上,即从最初攻击者通过这个岛一直到后来目标通过的全过程。通常,一个融合引擎无法将后续的攻击与最初的攻击联系起来。换句话说,如果有一个单一的攻击被报告成两个或两个以上,那么,只会有一个算作是正确的检测跟踪。实际上,一个片段出现假阳性时,它通常表示一个更复杂的攻击。管理信息系统的关联度是比较简单的,可以捕获所有的"其他"检测轨迹,但是这种攻击不是片段也不能正确的检测。总之,精度、片段和关联度值的总和应为1,或者说是100%的覆盖网电空间态势感知系统所产生的攻击轨迹。迄今为止,在确定系统的整体性能上,研究和开发网电空间态势感知系统的评估机制是最有用的。召回和精度之间的拉力通常就意味着检测精度的降低,而且不能识别攻击。相反,高精度(知道确切的攻击类型和细节)往往会造成在低召回时错过攻击的检测。碎片的指标往往在于复杂攻击角度和数据缩减水平。片段度量的最大价值在于确定是否可以更好地完成更多完整的攻击检测,并讨论攻击的归属问题。例如,如果在两

167

个攻击轨迹上,不同的原始攻击进攻同一个目标 A,同时,有证据显示 A 也正在攻击 B。那么,两个原始的攻击者中哪一个才是真正攻击 B 的呢? 这种攻击是怎么实现的? 怎样确定是这些攻击者之一,而不是新的攻击者呢? 这些问题依然没有答案。

2. 纯度

纯度描述了正确检测到的轨迹质量(假设感兴趣的活动是网络中的网电空间攻击)。纯度指标根据证据衡量轨迹,提供衡量证据和网电空间攻击关联性和聚合性的方法。用来衡量纯度的指标有两个:分配错误率;证据召回。指标公式如下:

$$分配错误率 = \frac{结果中报警总数 - 分配结果的正确报警数}{结果中报警总数} \quad (7.5)$$

$$证据召回 = \frac{分配结果的正确报警数}{查明真相的报警数} \quad (7.6)$$

通过查看正确检测到的轨迹质量,指标可以衡量出网电空间态势感知系统对现有证据的使用情况。分配错误率可以表示系统是否给不相关轨迹分配证据,或者是否只考虑直接可用的证据。证据召回表示有多少证据得到真正使用。如果仅仅将这两个纯度指标应用到网电空间领域,任何一个作用都不大。当分配错误率很高时,分配错误率起更大作用,可以指示出与基础数据不相关或非关联,在系统融合引擎中其实质可能是一个错误或者缺陷。但是,它不能够表示除了检测攻击质量外的其他指标。多余的证据与检测率的高低无关。证据召回用处不大。使用的证据越多,攻击监测越准确(高召回率和精度)。但是经验证明,使用的证据数量和监测正确率间并无联系。现实情况表明,使用的证据越少,监测正确率越高。这表明,实际上只有少数的网络事件和攻击相联系。这里留一个问题:是否存在少量的完整数据或者事件可以表明攻击的存在。

3. 成本效用

成本效用是用成本的概念来表示系统识别"重要或者关键"攻击轨迹的能力。目前,已不再使用应用在网电空间领域的成本效用权值。此指标用正权值监测攻击类型,负权值惩罚系统的误报来描述系统的可用性。给不同攻击分配不同的权值。加权值是分配给监测攻击类型权值的简单相加,包括误报除以查明真相的攻击轨迹之和。使用加权成本时观测得到,加权成本对衡量网电空间态势感知系统的性能没有任何价值。有价值的指标是攻击分数,即"兴趣评分 AOI 活动"。

攻击分数通过计算实际攻击的数量和与优先级列表的差距,描述虚拟攻击优先级列表的存在。实际上,攻击分数通过定义性能态势评估来描述系统的能力。攻击分数是成本效用的衡量,因为实际攻击在优先级列表中出现越低,执行实际攻击前就需要越多的工作。例如,如果实际攻击是优先级列表中的第一个,用户很容易就会发现它并采取相应措施。如果实际攻击出现在优先级列表中的第 25 位,用户首先会考虑并调查前面 24 个攻击。经过一段时间后用户才会对第 25 个攻击进行分析并采取相应的措施。因此,理想攻击分数是 1.0。低于 1.0 的攻击分数意味着不完整的轨迹或者是误报,需要其他一些努力。寻找攻击分数的另外一种方法是,衡量系统的能力来评估态势。攻击在优先级列表中的位置由算法决定,并受用户影响,如最关键的、最具破坏性的、最可能的、最大使命等。不同的优先级算法影响列表的顺序,反过来列表影响攻击分数,并可能得到不同的态势评估。这种方法衡量态势的效果,可能需要其他指标,这些是将来研究的方向。随着传感器类型越来越多,在融合过程中使用更好的模型,提高了增加态势分析额外方法的能力,攻击分数有可能成为深入分析的指标。随着进一步分析,攻击分数将接近理想值 1.0。

4. 时效性

时效性是指在特定域内系统随时间要求的响应能力。确切地说,时效性是需要测量做出决定或做出行动前花费的时间。我们对意识感关注,时效性不仅包括提出或检测攻击、活动所消耗的时间,也包括用户为做出决定在认识活动中所花费的时间。时效性涉及到测量性能和有效性指标。目前为止,时效性是未来研究的一个范畴。结论是,衡量性能方面,仅靠一个指标是明显不足以描述系统性能的。为了全面描述系统性能,对系统性能进行深入研究,需要一系列的指标来衡量系统性能的不同方面。

5. 有效性

衡量有效性(Measures of Effectiveness, MoE),是为了衡量系统使

决策者意识到系统环境利益的有效性。工具和技术是帮助还是阻碍了态势感知的决策过程,是否考虑了其他方法,初级决策者是否可以在较短的时间内成为专家,或者至少像专家一样做出决策。到目前为止,很少有研究涉及到有效性测量,我们期待对网电空间领域广域或特定课题 MoE 的研究。

7.5 小　结

本章描述了感知态势的通用方法,并介绍了如何应用到网电空间中。应用此方法可以获得网电空间态势感知和全球态势感知。这种方法的关键挑战点是识别个人决策者的感兴趣点,并随着时间推移维持这种感知能力。一旦识别并确定了活动利益,需要定义识别活动的必要观点。对态势感知系统有效性的评估,取决于认知过程,以及决定技术是否提高了决策的确定性。对该方法的有效性测量是一个开放性的研究课题。

参 考 文 献

[1] Howard J D, Longstaff T A. A Common Language for Computer Security Incidents[J]. Sandia National Laboratories, 1998.

[2] Endsley M R. Toward a Theory of Situation Awareness in Dynamic Systems[J]. Human Factors: The Journal of the Human Factors and Ergonomics Society, 1995, 37(1): 32 – 64.

[3] Steinberg A N, Bowman C L, White F E. Revisions to the JDL Data Fusion Model[C]//AeroSense'99. International Society for Optics and Photonics, 1999: 430 – 441.

[4] Salerno J J, Hinman M L, Boulware D M. A Situation Awareness Model Applied to Multiple Domains[C]//Defense and Security. International Society for Optics and Photonics, 2005: 65 – 74.

[5] Beringer D, Hancock P. Exploring Situational Awareness – A Review and the Effects of Stress on Rectilinear Normalization(Aircraft Pilot Performance)[C]// International Symposium on

Aviation Psychology, 5 th, Columbus, OH. 1989: 646 – 651.

[6] Billings C E. Situation Awareness Measurement and Analysis: A Commentary[C]//Proceedings of the International Conference on Experimental Analysis and Measurement of Situation Awareness. Daytona Beach, FL: Embry – Riddle Aeronautical University Press, 1995: 1 – 6.

[7] Endsley M R. Design and Evaluation for Situation Awareness Enhancement[C]// Proceedings of the Human Factors and Ergonomics Society Annual Meeting. SAGE Publications, 1988, 32 (2): 97 – 101.

[8] Endsley M R. Measurement of Situation Awareness in Dynamic Systems[J]. Human Factors: The Journal of the Human Factors and Ergonomics Society, 1995, 37(1): 65 – 84.

[9] Friedman L, Leedom D K, Howell W C. Training Situational Awareness through Pattern Recognition in a Battlefield environment[J]. Military Psychology, 1991, 3(2): 105 – 112.

[10] Hogg D N, Folles K, Strand – Volden F, et al. Development of a Situation Awareness Measure to Evaluate Advanced Alarm Systems in Nuclear Power Plant Control Rooms[J]. Ergonomics, 1995, 38(11): 2394 – 2413.

[11] Mogford R H. Mental Models and Situation Awareness in Air Traffic Control[J]. The International Journal of Aviation Psychology, 1997, 7(4): 331 – 341.

[12] Endsley M, Sollenberger R, Nakata A, et al. Situation Awareness in Air Traffic Control: Enhanced Displays for Advanced Operations [R]. Federal Aaiation Administration Technical Center Atlantic City NJ, 2000.

[13] Bass T. Intrusion Detection Systems and Multisensor Data Fusion[J]. Communications of the ACM, 2000, 43(4): 99 – 105.

[14] Tadda G, Salerno J J, Boulware D, et al. Realizing Situation Awareness within a Cyber Environment[C]//Defense and Security Symposium. International Society for Optics and Photonics, 2006: 624204 – 624204 – 8.

[15] Gardner H. The Mind's New Science: A History of the Cognitive Revolution[M]. Basic books, 2008.

[16] Johnson – Laird P N. How We Reason[M]. Oxford University Press, 2006.

[17] Salerno J. Measuring Situation Assessment Performance through the Activities of Interest Score [C]//Information Fusion, 2008 11th International Conference on. IEEE, 2008: 1 – 8.

[18] Salerno J J, Blasch E P, Hinman M, et al. Evaluating Algorithmic Techniques in Supporting Situation Awareness[C]//Defense and Security. International Society for Optics and Photonics, 2005: 96 – 104.

[19] Salerno J, Tadda G, Boulware D, et al. Achieving Situation Awareness in a Cyber Environment. In Proc of the Situation Management Workshop of MILCOM 2005, Atlantic City, NJ, USA, October,2005.

[20] Tadda G P. Measuring Performance of Cyber Situation Awareness Systems[C]//Information Fusion, 2008 11th International Conference on. IEEE, 2008: 1 – 8.

171

[21] Braun J J, Braun J J. Multisensor, Multisource Information Fusion: Architectures, Algorithms, and Applications 2006[C]. SPIE, 2006.

[22] McGuinness B , Foy J L. A Subjective Measure of SA: The Crew Awareness Rating Scal (Cars). In Proceedings of the First Human Performance, Situation Awareness, and Automation Conference, Savannah, Georgia, USA, October,2000.

[23] Snidaro L, Belluz M, Foresti G. Domain Knowledge for Security Applications. In ISIF, 2007.

[24] White F E. Data Fusion Lexicon: Data Fusion Subpanel of the Joint Directors of Laboratories Technical Panel for C3[J]. San Diego, 1991.

[25] BosséE, Roy J, Wark S. Concepts, Models, and Tools for Information Fusion[M]. Boston: Artech House, 2007.

[26] Endsley M R. Toward a Theory of Situation Awareness in Dynamic Systems[J]. Human Factors: The Journal of the Human Factors and Ergonomics Society, 1995, 37(1): 32 – 64.

[27] Deputy Under Secretary of the Army Knowledge Center [EB/OL]. [2009 – 05 – 21]. http://www. army. mil/armyBTKC/focus/sa/about. htm.

[28] Shifflet J. A Technique Independent Fusion Model for Network Intrusion Detection[C]//Proceedings of the Midstates Conference on Undergraduate Research in Computer Science and Mathematics, 2005, 3(1): 13 – 19.

[29] LAu S. The Spinning Cube of Potential Doom[J]. Communications of the ACM, 2004, 47 (6):25 – 26.

[30] Jajodia S, Liu P, Swarup V, et al. Cyber Situational Awareness[M/S. l.]:Springer, 2010.

[31] Boyd J R. Destruction and Creation[M]. US Army Comand and General Staff College, 1987.

[32] Boyd J R. The Essence of Winning and Losing[J]. Unpublished Lecture Notes, 1996.

第8章　网电空间法律维度

随着信息技术的高速发展,公民通过网电空间得到的便利越来越多,网电空间的发展是必然趋势。网电空间的发展也给立法规范带来了挑战。

本章将对网电空间法律维度进行深入的剖析,主要分析网电攻击的法律法规制度,并给出网电攻击法律的发展趋势。

8.1　网电空间带来的机遇与挑战

基于我们前面对网电空间的介绍,可以总结出网电空间具有以下几个特点。

(1) 实时通信。网电空间实现了更广泛的实时数据通信,它的通信范围不受地理位置限制,只要把具有独立功能的多个计算机系统通过通信设备和线路连接起来,配以功能完善的网络软件(网络协议、信息交换方式及网络操作系统等)。

(2) 更广泛的资源共享。网电空间在本质上是一个公共领域,公民可以自由分享信息、交流沟通,也可以利用网电空间无距离特性处理事务、提高工作效率等。

(3) 空间开放。就电子商务而言,在网电空间中买卖双方不需见面即可进行商贸活动,如商务活动、交易活动、金融活动和相关的综合服务活动等,这是一种崭新的商业运营模式。

网电空间在给我们带来机遇的同时,也带来了巨大的挑战——网电战。自网电战出现后,战略家们确定了第五个战争领域——网电空间。传统的战争领域分别是陆地、天空、海洋和太空。网电战就是以国家政治安全为目的,在保护我方战略的同时,影响、扰乱、破坏或篡夺对方的战略,主要包括计算机网电攻击、计算机网电侦测和计算机网电防御。网电战带来的危害主要来自于网电攻击,下面我们将着重介绍一下网电攻击的危害。

网电攻击的影响范围之广,如利用病毒扰乱股票市场的财务记录并使其瘫痪,传播核反应堆关闭或大坝开启等假消息,甚至破坏航空控制系统导致飞机坠毁。这些现象造成了极大的经济和物质损失,虽然迄今为止大规模事件尚未发生,但许多小规模事件时常发生,存在潜在的威胁。

网电攻击的方式各异,包括黑客攻击、病毒炸弹、切断网络、干扰信息等。其目标主要是削弱或破坏计算机网电功能,例如,语法攻击会破坏计算机操作系统,导致网络故障。当然,网电攻击不仅局限在句法或语义的攻击上,还有其他攻击的方式。例如,2006 年 12 月,因担心受到黑客攻击,美国国家航空航天局(NASA)在火箭发射前被迫隔离包含附件的电子邮件。2011 年 3 月,美国国防部遭受了最严重的网电间谍入侵,并造成大量的信息泄密,这些外来入侵者获取了 24000 份五角大楼的信息文件。2012 年 3 月,我国国家信息安全漏洞共享平台(CNVD)收集整理信息系统安全漏洞 687 个。其中,高危漏洞 279 个,可被利用来实施远程攻击的漏洞有 650 个。受影响的软硬件系统厂商包括 Adobe、Apache、Apple、Cisco、D – Link、Google、IBM、Linux、Microsoft 等。

以上事例说明,网电攻击所带来的危害是立竿见影的,应该对其攻击形式进行研究,下面介绍网电攻击的形式及其危害。

(1) 分布式拒绝服务攻击。分布式拒绝服务攻击(DDOS)一直是近年来网电攻击最普遍的形式,攻击者通过僵尸网络阻止系统访问指定的服务器网站,所谓僵尸网络是指集合成千上万的"僵尸"计算机病毒进行攻击。

(2) 植入错误信息。还有一种网电攻击是在暗中向计算机系统植入错误信息,称为语义攻击。它比 DDOS 攻击更加复杂,会导致计算机系统出现错误的结果,但系统运行却是正常的,让人难以发现。

(3) 入侵安全的计算机网络。网电间谍活动(窃取而不是植入)一旦侵入到安全的计算机网络,就可以执行各种远胜于被动地获取情报的行动。例如,蠕虫病毒攻击,它不仅仅是语义攻击,而且还是计算机安全网络攻击,目的是破坏其基础设施功能。

以上这些事例表明,网电攻击呈现出越来越多的形式和规模,如果要抑制其危害的扩大,制定相关的法律措施是势在必行的。

8.2 现有管辖网电攻击的法律制度

当今世界,已有几种法律框架详细或简略地规范了网电攻击,这些法律为网电攻击受害者提供了有效的应对方法。然而,每个单独的应对方法都有其缺陷,即便将这些法律放到一起,这个法律框架仍然是零碎的、不完整的,这是由于大部分可以用于网电攻击的法律都不是针对其专门制定的,因此,应对这种攻击的方法也是不完善的。这些因素将促进法律的改革,以使国际法和国内相关法律更有效地控制网电攻击。虽然目前没有全面的国际法律框架来规范所有的网电攻击,但综合国际和国内的一些法律措施也可以暂时控制这一日益严重的威胁。

8.2.1 国际网电攻击法律的发展

1. 联合国

1999 年 8 月,联合国在日内瓦举办了一次国际专家会议,以便更好地解决新兴信息技术带来的安全问题。在 2002 年的后续大会决议中,要求进一步审议和讨论"信息安全"。尽管该决议提出一项新的关于国际信息安全问题的研究,但没有采取实际行动。联合国还举办了信息社会世界首脑会议,进一步探讨信息安全问题,但收效甚微。

直到 2010 年 7 月,联合国终于向前迈进了一步,美国、中国和俄罗斯等 15 个国家的政府网电安全专家向联合国秘书长提交了一套名为"针对新技术所需的安全性和稳定性初步构建国际框架标准"的决议。

这项决议在解决美国和俄国之间的网电安全问题上取得了实质性的进展。而且,在联合国的主持下,未来的多边条约也会取得进展。但现在,联合国在网电安全问题上所起的作用主要限于信息的交流和共享。

2011 年 9 月 12 日,中国、俄罗斯、塔吉克斯坦、乌兹别克斯坦等国常驻联合国代表联名致函联合国秘书长,要求将由上述国家共同起草的"信息安全国际行为准则"作为第66届联大正式文件下发。"准则"强调信息主权,同时也尊重信息自由,倡导各国合作打击信息犯罪和信息恐怖主义,呼吁确保信息技术产品和服务供应链的安全。

2012年9月,联合国毒品和犯罪问题办事处发布了一篇名为《联合国关于网电犯罪问题的调研》的文章。文章提出应对网电犯罪是一项新的特殊挑战,网电犯罪与传统犯罪的构成因素一样,包括犯罪行为、罪犯、受害人、犯罪手法。采取刑事司法来管辖网电犯罪将是最有效的手段,这就需要刑事立法、搜集证据、刑事调查等一系列过程。文章列出了应对网络犯罪的核心元素,包括立法、强制执法、检察机关和法院效力、交流合作机制、公共和私营部门伙伴关系和意识提升、加强人权和法制观念等。由此可见,联合国在治理网电犯罪的道路上又向前迈进了一步。

2. 北约

北约也已经开始着手解决网电攻击的威胁。早在2003年,爱沙尼亚还未正式加入北约,就提出了建立网电防御中心的想法。在2006年的里加峰会中列出了网电攻击可能造成的威胁,并承认应长期保护信息系统的安全。然而,北约对2007年爱沙尼亚遭受的网电攻击几乎没做任何反应,这主要是因为当时"缺乏一致的网电空间原则和全面的网电空间策略。"紧随这次袭击之后,北约举行了第一次会议——2008年的布加勒斯特峰会——开始正式重视网电攻击问题。本次峰会上成立了两个专门用于研究网电攻击的北约新部门:网电防御管理委员会和网电防御中心。

网电防御管理委员会的作用是集合北约成员国的网电防御能力。虽然公布的信息很少,但普遍认为委员会有着"针对威胁进行实时电子监控,共享关键网络实时情报"的职责,并将最终成为网电防御的作战室。网电防御中心则旨在"促进长期的北约网电防御原则和战略的发展"。尽管一些东欧国家开始施加压力,但网电攻击方面的法规还只有北约条款第四条,其作用是呼吁成员国之间在遭遇网电攻击时要"共同协商",然而这并不能做到让他们之间互相帮助。2011年,网电防御中心在弗吉尼亚举办了一次研讨会,讨论了网电犯罪法律的制定和运作。

虽然北约创建的这两个部门确实取得了实质性进展,也认识到需要一个更清晰的网电防御策略,但让人担忧的是,这些行动还不足以应对潜伏在欧洲大西洋共同体或者"近邻"的电子敌人。

网络战是没有坦克或飞机的无声战争。目前,它是相对无风险的匿名犯罪。一般难以识别其攻击来源或作案者——这是主要的问题。为了更加有效打击网电攻击,各有关方面必须团结协作:北约、私营部门、国际组织和学术界。到 2012 年底,由北约网络防御专家组成的快速反应小组(RRT)将开始运作。

3. 欧洲委员会

欧洲委员会已经采取了最直接的办法来规范某些网电安全问题,特别是网电犯罪。作为第一个适用于互联网和其他计算机网电犯罪的国际条约:关于网电犯罪的欧洲委员会公约("网电犯罪公约"),旨在保护社会不受网电犯罪干扰,主要是通过立法和国际合作实现其效力。2006 年,美国向欧洲委员会递交了批准网电犯罪公约的决定。

网电攻击使网电犯罪公约的防御策略与计算机系统的保密性、完整性、可用性相关联起来,特别是非法访问、数据干扰和系统干扰。然而,这些规则并不会用于政府行动,无论是出于执法还是国家安全目的。公约附带的"解释报告"明确了"未经授权"这个警告允许经典法律辩护,如自卫或必要性,但是"未受影响的行为也要依据合法政府授权",包括"维护社会治安秩序,保护国家安全或追究刑事责任"的行动。这表明,公约的制定者意识到实施网电攻击牵涉到国家利益,并要求起草允许政府采取行动的协议。

然而,网电犯罪公约仍然只能有限地约束国家实施网电攻击。公约各缔约方同意"相互合作……尽可能广泛调查或诉讼有关计算机系统和数据的犯罪"。虽然协议还不够明确,但该协议可以约束各缔约国不能向其他成员国发动网电攻击。然而,并没有明确如果一个缔约国违反公约规定将会承担什么样的后果。

由于这些原因,作为目前直接规范网电攻击的最发达的国际法律框架,网电犯罪公约仍然只是迎接全面挑战的一部分。它也是有局限性的,公约缔约国和主要区域成员国并不能约束大多数攻击。然而,它为制定全面的规范非法网电攻击的国际法律框架奠定了基础。

2010年4月,欧洲委员会在联合国第12届联合国预防犯罪和刑事司法大会上针对网电犯罪作了深入讨论。会议提出各国应加强技术援助合作,建立刑事司法能力,以此来应对网电攻击。

另外,2011年10月,欧洲委员会提出了关于网电犯罪战略的草案,草案主要分析了网电安全和网电犯罪之间的关系,指出网电安全战略对网电犯罪的不足之处,并针对网电犯罪专门提出了一个战略方针。

4. 美洲国家组织

2004年4月,美洲国家组织通过了一项决议,指出其成员国应"评估欧洲委员会网电犯罪公约原则的可取性",并应该"考虑是否有可能加入该公约"。美洲国家组织提出了"美洲综合网电安全战略",其目的是"制定保护互联网用户的网电犯罪政策,防止和禁止滥用计算机和计算机网络进行犯罪,尊重个人隐私和互联网用户的个人权利"。为此,美洲国家组织同意部署一个专家小组,这个小组将"在起草和颁布惩罚网电犯罪法律的基础上向成员国提供技术援助,保护信息系统,并防止使用计算机进行非法活动"。然而,这些专家只是提供一些技术指导,美洲国家组织并没有颁布一套统一的法律帮助成员国打击网电犯罪和网电攻击。

2007年12月,美洲国家组织召开关于网络犯罪的政府专家组会议,会议制定了在当时的网络犯罪背景下政府专家组的目标及发展方向。会议重点讨论了以下几个议题:最近网络犯罪在美洲国家组织成员国的发展、私营部门和政府部门之间的合作、美洲国家组织的网络安全战略的发展以及网络犯罪的国际合作和援助。

2010年1月,美洲国家组织在其总部举行关于网络犯罪的REMJA工作组会议。会议就网络犯罪的立法或立法草案、建立或扩大网络犯罪的起诉和/或调查单位、坚持"网络犯罪公约"理事会所采取的措施等相关议题进行了讨论。

2011年11月,美洲国家组织联合美洲委员会秘书处举办了"区域网电安全和网电犯罪的最佳实践研讨会",各个国家交流规范治理网电犯罪的实践经验。同时,为了更好地保护互联网用户和计算机网络,美洲国家组织要求其成员国继续完善相关法律框架,并提升犯罪调查和取证分析的能力。

2012年9月,加拿大主办了"美洲国家组织成员国网电安全政策圆桌讨论会",讨论了加强网电安全的最佳做法和策略。

综上所述,国际上对网电攻击的规范仍处于起步阶段。欧洲委员会的"网电犯罪公约"可能是个例外,大多数国际化协议尚未达到讨论未来战略的阶段。然而,各国对建立一套国际规范以解决网电攻击问题越来越有兴趣,而且,这些组织所采取方法的多样性也显示出将要面临的挑战,即需要在国际会议中确定这套统一规范的有效执行范围。

8.2.2 国内网电攻击法律的发展

随着网络引发的各类问题不断加大,自1994年以后我国逐步对互联网的法律问题进行了立法。主要从网电与信息安全制度、网电犯罪法律制度等角度对网电攻击等问题进行了调整。

1994,我国发布了《计算机信息系统安全保护条例》,第十五条明确提出了对计算机病毒和危害社会公共安全的其他有害数据的防治研究工作,由公安部归口管理。同时,第二十条提出了由公安机关处以警告或者停机整顿的行为包括:

(1)违反计算机信息系统安全等级保护制度,危害计算机信息系统安全的;

(2)违反计算机信息系统国际联网备案制度的;

(3)不按照规定时间报告计算机信息系统中发生的案件的;

(4)接到公安机关要求改进安全状况的通知后,在限期内拒不改进的;

(5)有危害计算机信息系统安全的其他行为的。

1997年国务院信息化工作领导小组审定的《计算机信息网络国际联网管理暂行规定》第三条对网电空间中的重要术语进行了解释,主要包括:

(1)国际联网,是指中华人民共和国境内的计算机互联网络、专业计算机信息网络、企业计算机信息网络,以及其他通过专线进行国际联网的计算机信息网络同外国的计算机信息网络相联接。

（2）接入网络，是指通过接入互联网络进行国际联网的计算机信息网络；接入网络可以是多级连接的网络。

（3）国际出入口信道，是指国际联网所使用的物理信道。

（4）用户，是指通过接入网络进行国际联网的个人、法人和其他组织；个人用户是指具有联网账号的个人。

（5）专业计算机信息网络，是指为行业服务的专用计算机信息网络。

（6）企业计算机信息网络，是指企业内部自用的计算机信息网络。

我国规定犯罪、刑事责任和刑罚的典型法律是《中华人民共和国刑法》（以下简称《刑法》）。自从我国对网电活动重视以后，《刑法》对网电犯罪做了相关规定，并不断进行修正，主要包括三类网电犯罪：入侵计算机系统，破坏计算机系统，非法利用计算机系统。

第二百八十五条主要规定了入侵计算机系统的网电犯罪：侵入国家事务、国防建设、尖端科学技术领域的计算机信息系统；侵入前款规定以外的计算机信息系统或者采用其他技术手段，获取计算机信息系统中存储、处理或者传输的数据，或者对该计算机信息系统实施非法控制；提供专门用于侵入、非法控制计算机信息系统的程序、工具，或者明知他人实施侵入、非法控制计算机信息系统的违法犯罪行为而为其提供程序、工具。

第二百八十六条主要规定了破坏计算机系统的网电犯罪：对计算机信息系统功能进行删除、修改、增加、干扰，造成计算机信息系统不能正常运行；对计算机信息系统中存储、处理或者传输的数据和应用程序进行删除、修改、增加的操作；故意制作、传播计算机病毒等破坏性程序，影响计算机系统正常运行。

第二百八十七条主要规定了非法利用计算机系统的网电犯罪：利用计算机实施金融诈骗、盗窃、贪污、挪用公款、窃取国家秘密等。

除了《刑法》中规定的网电犯罪外，我国对互联网犯罪还特别颁布了相关法规，主要有2000年12月28日第九届全国人民代表大会通过了《全国人民代表大会常务委员会关于维护互联网安全的决定》（以下简称《决定》），《决定》主要对互联网的运行安全，国家安全和社会稳定，社会主义市场经济秩序和社会管理秩序，以及个人、法人和其他组织的人身、财产等合法权利等几个方面对网电犯罪进行了规定。另外，为了适应互联网的社会普及性，2005 年 8 月 28 日第十届全国人民代表大会通过了《中华人民共和国治安管理处罚法》（以下简称《处罚》），《处罚》增加了一些应该受到治安处罚的新规定，用来规范公民的网络行为。

8.3 网电攻击法律的发展趋势

网电攻击问题日益频繁，目前国际和国内的法律对不断增长的威胁准备不足。例如，国内法域外效力的限制，导致他们相对较少地用于打击网电攻击，因为这些网电攻击几乎都是跨越国家。为填补现行法律的空白，需要国际和国内两种类型的法律改革，以解决目前存在的这些不足。

国内法律制度的改革主要包括两个方面：首先，各国应该采取措施，增加网电攻击刑事法律的域外适用；其次，各国应该利用有限的反制措施，适当地打击战争法未管辖到的武装袭击级别的网电攻击。

虽然这些措施可以解决网电攻击的某些威胁，但仍然需要一套国际法律条约从根本上解决网电攻击问题。因此，国际条约需要有两个核心目标。第一，条约应该提供网电攻击和网电战的精确定义，促成这种条约的跨国交流，这有助于限制和界定使用武力应对网电攻击。第二，各国应在搜集跨国网电攻击人员证据和刑事起诉方面开展国际合作。第二个目标将是一个长期项目，它将为解决国际网电攻击问题提供唯一真正有效的解决方案。

8.4 小   结

关于网电空间是否应该受到法律的制约和规范一直存在着争议，本章从网电空间会给人类带来的机遇和挑战出发，分析讨论了网电攻击的法律法规立法现状，使人们对网电攻击的法律有一个更加清醒的认识，可以更有效地促进网电空间的发展。

参 考 文 献

[1] Babulak E. The 21st Century Cyberspace[C]//Applied Machine Intelligence and Informatics (SAMI), 2010 IEEE 8th International Symposium on. IEEE, 2010: 21 –24.

[2] Balz S D, Hance O. Privacy and the Internet: Intrusion, Surveillance and Personal Data[J]. International Review of Law, Computers & Technology, 1996, 10(2): 219 –234.

[3] US Government Accountability Office, Accounting and Information Management Division, United States of America. Air Traffic Control: Weak Computer Security Practices Jeopardize Flight Safety[J]. 1998.

[4] James Glanz& John Markoff, Vast Hacking by a China Fearful of the Web, N. Y. TIMES[EB/OL]. [2010 –12 –04]. http://www. nytimes. com/2010 /12/05/world/asia/05wikileaks –china. html? r =2&hp.

[5] Shanker T, Bumiller E. Hackers Gained Access to Sensitive Military Files. TIMES, 2011(7).

[6] Downing R W. Shoring up the Weakest Link: What Lawmakers around the World Need to Consider in Developing Comprehensive Laws to Combat Cybercrime[J]. Colum. J. Transnat'l L. , 2004, 43: 705.

[7] Hughes R. NATO and Cyber Defence[J]. Atlantisch Perspectief, 2009.

[8] Shackelford S J. Estonia Three Years Later: A Progress Report on Combating Cyber Attacks [J]. Journal of Internet Law, 2010, 13(8): 22 –29.

[9] 知远. 北约组建快速反应小组打击网络攻击 [EB/OL]. [2012 –04 –24]. http:// mil. sohu. com/20120424/n341506775. shtml

[10] Keyser M. The Council of Europes Convention on Cybercrime[J]. J. Transnat'l L. & Pol'y, 2002, 12: 287.

[11] Council of Europe. Project on Cybercrime,12th UN Congress on Crime Prevention and Criminal Justice. Salvador, Brazil, 12 –19 April 2010.

[12] Schjolberg S, Ghernaouti –Helie S. A Global Treaty on Cybersecurity and Cybercrime[J]. Cybercrime Law, 2011.

[13] Organization of American States IV(8), AG/RES. 2040 (XXXIV –O/04) [EB/OL]. http://www. oas. org/juridico/english/ga04/agres _2040. htm.

[14] Li X. International Actions Against Cybercrime: Networking Legal Systems in the Networked Crime Scene[J]. Webology, 2007, 4(3): 1 –45. .

[15] OAS. Sixth Meeting of the Working Group on Cyber – crime, January 21 – 22, 2010.

[16] Zintgraff C, Green C W, Carbone J N. A Regional and Transdisciplinary Approach to Educating Secondary and College Students in Cyber – Physical Systems [M]//Applied Cyber – Physical Systems. Springer New York, 2014: 15 – 32.

[17] Regional Cyber Security and Cyber Crime Best Practices Workshop, [2011 – 11 – 28], [EB/OL] . http://www. cicte. oas. org/Rev/En/events/Cyber _ Events/Documents/Colombia %20 – %20AGENDA%20ENG. pdf .

[18] Government of Canada and the Organization of American States (OAS) Cooperate on Cyber Security, OTTAWA, [2012 – 09 – 10], [EB/OL]. http://www. publicsafety. gc. ca/media/nr/2012/nr20120910 – eng. aspx.

[19] Hathaway O A, Crootof R, Levitz P, et al. Law of Cyber – Attack, The[J]. Cal. L. Rev. , 2012, 100: 817.

第9章 网电空间在军事上的应用

网电空间与许多技术和利益相关,但却很少有人知道,网电空间也是一个全球性战场。事实上,相对于自杀炸弹袭击,网络恐怖分子在网电空间中并不仅仅局限于一种恐怖行为("网络恐怖主义")。为了保护其公民的健康、财产和安全不遭受网络攻击,美国已经颁布了各种总统指令、行政命令、立法等。事实上,早在 2006 年,美国空军就通过编制第八空军为新的空军网电空间司令部,正式地提升了网电空间的业务概况。因此,美国国会将要考虑提高美国网电空间的地位在将来,美国空军必定会将网电空间部门独立出去,成立全新的网络部队。

本章首先介绍网电空间"领域"的含义以及网电空间在军事上的定义,进而分析网电空间战场的构成因素,并介绍美国空军对网电空间这个全新领域的最初探索,最后提出网电空间中的军事行动应当协同其他领域内的军事行动,共同参与军事行动的策划。本章内容主要参考纽约空军国民警卫队少校 Martin Stallone 撰写的 *Don' t Forget the Cyber*! 以及 Natasha Solce 编写的 *The Battlefield of Cyberspace:The Inevitable New Military Branch——The Cyber Force*。

9.1 网电空间领域

网电空间是各国社会的神经系统,现代社会的各个方面,包括关键基础设施和重要信息,几乎都通过计算机网络联系到一起。而且,信息技术正在不断地快速发展,进入网电空间的人数也在成倍增长。但网电空间给人们的日常生活带来便利的同时,也造成了一定的危害。各国政府非常清楚,诸如通信和控制系统等各种技术,对一个国家部署和维持军事力量是非常关键的,但这些设施很容易通过网电空间遭到侵入。因此,美国国防部认为网电空间对"全球范围内的军事行动"非常重要。鉴于网电空间至关重要的地位,应该在每个地区作战司令部(Geographic Combatant Command,GCC)组建一个固定的联合部队网络指挥官(Joint Force Cyber Component Commander,JFCyCC),这将大大提高网电空间与其他军事领域联合作战的能力。通过拓展联合部队网络指挥官调配部队的权利,并增强他的管辖范围,这种资源将增加联合部队指挥官(Joint Force Commander,JFC)的军事优势和行动自由,并支撑着地区作战司令部。

9.1.1 网电空间在军事上的定义

尽管美国国防部普遍认可了网电空间的重要性,但对于网电空间应该如何用于军事行动还在进一步探讨。做出网电空间的定义是漫长而艰难的。

自1984年以来,很多定义都曾试图解释网电空间的本质含义,但大多数定义都倾向于研究如何应用网电空间。例如,吉布森是从儿童玩的视频游戏中受到启发后定义网电空间的。网电空间的广泛定义表明,其在人们的日常生活中扮演着至关重要的角色,如在经济贸易、社会交际和军事领域等。军事领域是一个特殊的例子,在这个领域中对网电空间的定义不仅仅应该是描述性的定义,因为它还指导着网电空间的发展以及利用。这个定义要能够帮助军队在网电空间中发挥军事优势,同时还要能够指导整个项目的发展,便于获取信息等,这就是军事领域需要一个更恰当的网电空间定义的原因。直到2006年,美国国防部才在网电空间的定义上取得了里程碑式的进展,他们定义网电空间为"在战争中使用电子或电磁频谱来存储、修改以及通过网络系统和相关设施来交换数据的作战领域"。之前有关网电空间的描述有过分歧,最终确定为它是一个"领域",而不是一个"空间"、一个"环境"或者其他东西。后来,美国总统颁布的《54号国家安全总统训令》对网电空间做了一个更为严谨的定义,接着国防部副部长戈登·英格兰又补充定义了网电空间,称其为"作战领域"作为官方定义。

当前主要的网电空间定义都包含了一层含义,即网电空间包含了更大的"信息环境"的"物质和信息维度"中的一部分。网电空间所包含的"信息环境"部分也正是计算机网络作战(Computer Network Operations, CNO)发生的领域。这一关系在图9.1中有详细说明。尽管并不总是把网电空间当作一个领域,但这种看法已经成为网电空间的定义中必不可少的因素了。

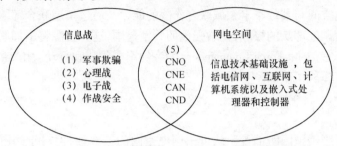

CNO = Computer Network Operations 计算机网络作战

CNE = Computer Network Exploitation 计算机网络开发

CNA = Computer Network Attack 计算机网络攻击

CND = Computer Network Defense 计算机网络防御

图9.1 信息战与网电空间的关系

虽然"领域"一词用得很频繁,但还没有对这个词做出明确解释。米兰·维戈教授对"领域"做出的解释是"行为、关系、功能或者领地的范围"。韦伯斯特字典里把它定义为"能够行使主权的领土"和"一个有着不同物理特征的区域"。不考虑哲学上的争议,那就可以将"领域"这个词理解为"一种人们可以在其中活动并创造财富的物理现象"。但很显然,"领域"一词在军事方面的含义有待进一步明确。

9.1.2 网电空间"领域"的军事含义

领域的物理方面阐明并约束了人们如何在那里进行活动。为了进行活动并创造财富,人们有时候需要机器、电力以及其他技术。一般来说,技术可以得到扩展,但行为指令并不能无限延伸。对所有领域而言这都是正确的。在空间领域,几乎所有东西都需要技术手段,这个道理适用于其他所有领域。在网电空间中,利用先进技术几乎可以做任何事情。但在传统物理领域内,人们只是利用技术来增强他们的自然行动及其创造的财富。正是因为不断考虑如何利用我们的能力去移动和举起地上的物体，人们才能想到借助引擎、水力等技术手段的帮助。同样的道理，在海洋中行动需要船只或潜水艇来替代游泳。网电空间物理方面的含义是指"信息技术基础设施之间相互依存的网络，包括因特网、电信网、计算机系统以及嵌入式处理器和控制器"。在这个网络中，电子和电磁频谱是人们行动的表现形式，然而取得的效果则依赖于利用他们的方式。

领域是指不同的人活动并能够创造财富的地方。例如，在领空内可以进行多种多样的活动，像科学实验、滑翔运动、商业太空旅行以及轰炸任务。同样的道理，网电空间内也可以实现社会、经济、军事、教育和其他目的。在领域范围内，不同的联合行动可能会获得相同的结果，网电空间提供了一种全新的方式。

网电空间领域与其他物理领域存在着交叠，这在图 9.2 中有详细描述。网电空间的入口和出口可以存在于任何地方。这种结构对于一个军事行动策划者来说非常有用，例如，一支联合特遣部队（Joint Task Force，JTF）可以通过领域来组织军事力量。同空军、海军和陆军的司令官在各自的领域内行动时一样，网络部队司令官也可以判断出在网电空间中采取哪些行动会更加有利，同时还能了解敌人的哪些行动会可能对军事行动造成威胁。可以设想在一个无数交叉领域中进行的军事行动中，一个人可以通过网电空间与另一个领域连接在一起，进行远程操作。为了阐明这个概念，我们介绍在交叉领域内敌方是如何获取到军事优势的。

与其他传统领域类似，网电空间领域也是全球性的。但是，网电空间是独特的，因为它能够让信息瞬间便传送到全球各地——这就不得不让我们在通过网电空间寻找目标或躲避影响时认真考虑时间和空间因素。说它独特的另一个原因在于，其他所有领域都要通过网电空间进行协调、同步和整合。从表面上看，军事行动的种类只是分为陆地或海洋行动，实际上，我们高度网络化的世界已经将网电空间领域与军事行动紧密联系到了一起。

在军事上，网电空间领域最为重要的一点是社会中到底有多少重要的方面与它联系到了一起。网电空间的影响力取决于它的互连性，当前，接入到网电空间的网络线路正在成指数倍增加。接下来的 10 年

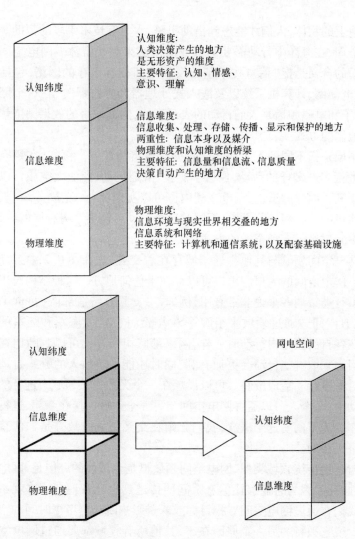

认知维度：
人类决策产生的地方
是无形资产的维度
主要特征：认知、情感、
意识、理解

信息维度：
信息收集、处理、存储、传播、显示和保护的地方
两重性：信息本身以及媒介
物理维度和认知维度的桥梁
主要特征：信息量和信息流、信息质量
决策自动产生的地方

物理维度：
信息环境与现实世界相交叠的地方
信息系统和网络
主要特征：计算机和通信系统，以及配套基础设施

图9.2　与信息环境关联的网电空间

里,我们将会看到无处不在的相互连接的电子设备和机器。通过网电空间可以获取优势,但这种高度互连性同时也增加了网络的脆弱性——也就是说,遭到攻击时,受到损害的不仅仅局限于战场内的事物,社会的各个方面都会成为潜在的军事目标。而且,在他们发动攻击之前,我们无法从众多的计算机中分辨出哪些计算机被当作武器,而哪

些又是出于和平目的。网络武器（即恶意软件）很容易获取而且大多数情况下是免费的。敌方可以轻松地对远离初次攻击地点的目标进行再次攻击，而且很难寻得攻击者的踪迹。不过，高度互连的优点在于资源匮乏的新群体可以通过网络获得丰富的资源。

有关网电空间的研究，都不否认联合部队司令官的基本职责，即整合终端、路线和方法来获得任务的军事目标。为了击败对手，司令官及其下属们在策划军事行动时，通常会使将时间、空间和目标联合性能的分配形象化。军事行动技巧的精髓——联合作战的基本原则——即综合评估各个领域内友军和敌军的状况，创造性地安排军事力量以获取军事优势，进而达到军事目标。军事行动的范围必须包括网电空间领域。

部队军官要借鉴和研究先驱们的经验。从美国的作战经历来看，我们可以借鉴乔治·巴顿助推德国威廉·哈尔西将军在太平洋上发动军事演习，以及卡尔·斯帕兹将军从空中轰炸欧洲的经验。他们每个人都很清楚自己所属的领域，并充分利用自己的领域来获取军事优势。也许有一天，网电空间战场上也会取得的成就。

9.1.3 网电空间的互联性

2006年10月，美国武装部队参谋长联席会议正式将网电空间定义为"在战争中使用电子或电磁频谱来存储、修改以及通过网络系统和相关设施来交换数据的作战领域"。网电空间使用者——家庭、企业、大学、政府和军队——畅游于网电空间内来发送和获取信息，这些信息通过已有的网络系统进行共享、获取和控制，不同网络系统经普通电话线、地面微波中继、卫星数据中继、光纤、电缆、晶体管以及芯片连接到一起，不同的网络使用不同的协议进行通信。例如，访问量最大、最著名的网络系统——互联网，是通过网际协议（IP协议）进行通信的。

使用协议转换可以实现不同的网络之间的相互访问。但是，一个网络可被侵入的脆弱程度与网络的可访问程度成正比，因此，由于军事、公民以及商业部门之间的互连性，各国应该更加关注网电攻击的可攻击范围。国防部在很大程度上依赖于民用技术，其中大部分是由世界各地企业制造的,正是由于他们的知识和专业技术应用到国防系统中,才增加了网路的脆弱性。

9.1.4　网电空间战场的国际认可

国家、犯罪组织、恐怖组织甚至个人都可以通过发达的网络进入到网电空间并发动攻击。美国政府会议办公室公布,至少有 120 个国家或团体正在开发并使用"信息战系统"。秘鲁、伊朗、阿联酋、沙特阿拉伯、克罗地亚、越南和俄罗斯已经通过网电空间对美国的金融、电力以及公共基础设施发动了网电攻击。

美国在网电空间领域的敌人不只局限于军事方面,而且有可能是恐怖主义驱动的,使用网络炸弹代替自杀炸弹等。很多恐怖组织也开始把网电空间作为发动恐怖行动的一个战场。目前,已经确定基地组织建立了自己的军事网络,并在战争中使用以对抗西方国家。基地组织利用互联网相互通信,并与其国际上的恐怖组织合作,同时发动物理攻击和网电攻击。网电空间的匿名性和易接入性使得像基地组织这样的恐怖集团可以保持随时保持移动,在咖啡厅里组织成员利用个人计算机就能策划物理攻击和网电攻击。这些组织使用网站、聊天室以及电子邮件来募集款项、寻求合作并策划将要进行的攻击。

现在看来,网电空间可以看作是一个新的战场,其中的每个人都在从事自己的或与国家、民族、恐怖组织相联系的事情,某些不当操作可能会导致严重的后果,并给国家带来毁灭性的损害。

9.2　网电空间战场

9.2.1　网电空间中的攻击

网电攻击包括网络恐怖主义和网络战争,网络犯罪不属于网电攻击;网络恐怖主义和网络战争构成了网电攻击的主体。在网电空间中,个人网络行为的意图和效果决定了其是否是恐怖主义行为、网络犯罪或者网络战争行为。正如网络恐怖主义的定义那样"把计算机当作武器或者攻击的目标,由政治推动的国际组织、亚国家组织威胁民众或政府,以影响其改变行为决策或政策的秘密群体"。一个网络恐怖主义者的意图是通过暴力行为和威胁,强迫他人屈服于其要求。如今,在网络战争中,战斗人员正在努力实现其军事目标,同时,网络犯罪分子也正在尝试实现他们在金钱或心理利益上的愿望。他们并不像一个恐怖主义者那样渴望去破坏稳定,去广泛地宣传他们的主张,网络犯罪分子的目的是窃取金钱和信息,获得个人名利、受到关注、接受智力挑战、享受其非法行为所带来的乐趣。

法律应该明确规定和定义网络犯罪。然而,到 2008 年 9 月,网络技术最为先进的美国还没有对网络攻击,也就是网络战争和网络恐怖主义,提出相应的法律条款。唯一的指导方针 16 号国家安全总统指令。此外,尽管国际社会已经承认需要出台一些条款和规则,然而,目前国际社会还未采取任何规定方面的行动。

因此,在美国"9·11"恐怖袭击事件后的世界里,虽然没有相关的网络攻击的法律存在,然而,美国政府仍然致力于不仅仅是阻止军事攻击,而且还要阻止网电网络中的网络攻击。由于网电空间与物理基础设施紧密相连,美国政府正在重点禁止对于美国物理的基础设施,特别是被定义为"关键设施"和关键的资产的网络攻击。

网电攻击是随时可能发动的网络战场的三种攻击的其中一种,三种网电攻击包括网络攻击、物理攻击和电磁攻击。在网电攻击时,网络战士或网络恐怖分子利用句法或语义网络的武器袭击计算机网络来破坏生产设备的运行,改变进程控制,或损坏敌方存储的数据。从轻到重,这些攻击包括网络破坏(使政府和军队的网站瘫痪或者篡改网页上的数据)、谣言运动(在网电空间传播和蔓延错误的言论来影响公众的信念和心理)、获取机密数据(网络间谍)、干扰通信领域(阻止、拦截干扰通信活动使士兵的生命安全处于危险中)以及攻击关键基础设施(通过网络攻击对平民造成危害)。在物理攻击中,战士使用常规武器,如巡航导弹可能通过播撒碳素纤维,从而造成电力设备短路。在电子攻击中,作战使用电磁脉冲(EMP)使计算机过载而无法正常工作或通过微波无线电传输恶意代码。由于网络战场本身的脆弱性特点,以上攻击都非常有效。

9.2.2　网电空间的物理基础设施

国家的物理基础设施是与网电空间域相关联的。这些物理基础设施一旦丧失工作能力或者被摧毁将削弱国家的防御能力，威胁到国家的经济安全，称这些物理基础设施为关键设施。关键设施包括农业、食品、水、公共健康、紧急服务、政府、国防工业基地、信息和电信、能源、交通、银行及金融、化学品和危险材料、邮政和运输。

其中五个最重要的关键设施为信息和通信基础设施、物流、能源、银行金融以及重要的人类服务。如果发动的攻击是针对其中任何一个关键的基础设施相连的网络，那么，安全保障将处于危险之中。例如，2003年8月，互联网的计算机蠕虫病毒"地狱"通过互联网侵入俄亥俄州戴维斯—贝瑟电厂（关键基础设施）的计算机系统，并扰乱电厂的计算机控制系统长达约5h。这些特殊的作用吸引了网电空间的恐怖分子和网电战场军事战略家的注意。如果一个网络恐怖分子或网络战士侵入到计算机系统并监控控制大坝水位，他们可能更改数据，使大坝溢流，从而造成金融和地区性的不稳定。然而，从最近来看，这些关键基础设施所受攻击是个人的行为，不是军事或政府控制的行为。因此，为了保护这些关键的基础设施，在网电空间中建立公私协作关系（"PPP"）是十分必要的。

9.2.3　网电空间的公私协作关系

各国都有私有企业拥有并经营着国家的关键基础设施。民用高技术产品和服务（包括通信系统、电子和计算机软件）是各国军事的重要组成部分。例如，微软已主动设立了一个特别安全响应中心，与美国国防部、工业界和政府部门协作，中心任务是获取和解决任何软件漏洞问题，提高国防部的新产品的安全性。显然，对美国而言，私有企业和公共之间的良好关系增强了国家安全部门的安全性。美国政府可以让自己了解新网络技术以及漏洞，而且，如果有必要，迅速采取行动。因此，在这个1和0的战场上的胜利依赖于私有企业和公共部门的协调，以及训练有素的战士，他们知道在网电空间如何攻击和防御。

9.2.4　网电空间的作战武器

网络战士在网电空间进行进攻性和防守性行为时，要使用到网络武器。网络武器不是传统的战争武器。网络领域的战斗可以选择四种网络武器：

（1）句法武器；

（2）语义武器；

（3）混合武器；

（4）电磁武器。

句法武器包括"恶意代码"，如病毒、蠕虫、特洛伊木马和间谍软件，它的目标是计算机的操作系统。另一方面，句法武器的目的是破坏计算机用户可以访问的信息的准确性。由于网络战是十分依赖数据的，误传可能会造成无法估量的损害。例如，错误的信息可能在没有实际提交时表示账户已经正式退出系统，从而造成巨大的经济的损失。混合武器结合句法和语义两个武器威胁信息安全与计算机的操作系统。混合武器的一个例子是"机器人网络"或"机器人群"，这是一组"机器人"。机器人由网络远程控制或半自治计算机程序控制去感染计算机。控制机器人的黑客可能是间谍，黑客复制和传输敏感数据，组织机器人群去攻击目标计算机。最后，电磁武器是能让"计算机电路超负荷工作"的一种电磁爆炸能源。根据具体的战术和作战的目标来确定这些武器的使用。

9.2.5　网电空间的战术行动

网络进攻防守战术行动具体可分为三个时间段：攻击之前、攻击期间和攻击之后。在攻击之前的整个阶段中，网络部队评估的网络战场的脆弱性和风险性，通常伴随着网电空间的网络会议和广泛的侦查和行动前的监视。在战争中，网络部队对于可能被侵入的脆弱节点进行防御性搜索，因此相应的保护措施应该优先考虑。对于可能被侵入的脆弱节点进行攻击性的扫描以便完成任务。攻击期间，网络部队通过漏洞和其他任何可能的放大来获取和维持访问权限。然后，战争之后网络部队迅速尝试恢复网络来掩盖其踪迹。这种策略可应用于无论什么类型的攻击形式。

9.2.6　网电空间战场的漏洞

因为网络本身存在漏洞,并且这些漏洞是可以利用的,所以网络战场就有存在的空间。假设没有这些漏洞的存在,那就没有必要对网络攻击进行防御,也就没必要对网络进行保护了。

下面是网络战场不完全详尽的 10 个可利用的漏洞。

(1) 不能识别敌人,导致无法实施精确的打击。

(2) 许多计算机安全事件(80%)没有报道。企业或者其他实体考虑到其计算机安全事件曝光后对其声誉的影响从而采取隐瞒策略。截至到目前为止,还没有法律规定私有企业要向公众报告网络入侵事件,因此,由于缺乏该类事件的透明度,当网络入侵发生时,公共和私有企业就无法展开有效合作,保护措施就无法实施。

(3) 任何人都可以得到黑客发布在网上的详尽指导,这将导致更多网络黑客的出现。

(4) 任何人都可以在黑客的黑市购买计算机漏洞的信息。因此,网络安全漏洞是一种商品,它诱使自由职业黑客及时发现和销售网络的漏洞信息,而不是以诚信为本,也不会通知有关当局这些漏洞信息。同时,自由职业黑客也不期望一份在网络安全领域的全职工作。因此,许多人认为黑客是最大的网络安全威胁。

(5) 公司计算机技术和设备的外包成为一个共同的趋势。因此,国家的安全可能由于攻击者知道计算机系统是怎样建立的而遭受到损害。

(6) 复杂网络的恐怖分子组织增加。

(7) 不完善的软件产品增大了网络安全的风险,一个句法攻击可能导致系统故障。安全补丁的延迟发布和缺乏还会加剧其脆弱性。

(8) 操作错误造成的漏洞。错误的操作和安全训练的缺乏,使计算机系统暴露在攻击之下。

(9) 由于自然原因无法控制预知的物理破坏(如地震和闪电)可能对一个国家或地区的网络造成损坏。例如,中国台湾省的一个地震造成中国大陆、香港、日本、韩国以及中国台湾省本土 48h 没有因特网服务。

（10）对于一个网络袭击者来说，网络袭击是非常廉价的。例如，一个菲律宾大学生制造了"爱虫"病毒，花费了计算机使用者"数十亿美元"。这种低成本进入网电空间的方式吸引着国家、犯罪分子和恐怖分子的注意，他们可以以一种替代的方式袭击。

9.2.7　网电攻击造成的影响

尽管各国政府已经认识到网电空间的重要性，并在竭力推动网络领域的保护措置实施，但是还有人认为网络袭击只能制造有限的损害。一个理由是相互依存、紧密联系的世界经济的"连带效应"，很可能阻止其他国家对金融系统的攻击。另外，还有人持"最小化影响"的观点，该观点认为黑客攻击只会导致"不方便和低效率"，不会造成伤亡，相对于网络攻击的影响，物理攻击更容易造成死亡。然而，网络攻击后果不可预测，可能会比物理攻击造成更多的伤害。最后，到底是生物和化学上的攻击威胁大还是网络攻击的威胁更大，这一点还没有达成共识。无论如何，网络攻击所能造成的威胁是有目共睹的，因此，各国政府已采取积极主动的措施来建立国家网络安全保障部门，并组建网络部队。

9.3　美国空军与网电空间

就美国而言，在建立国家信息安全体系的行动中，美国空军走在前列。美国空军多年来一直致力于开拓新领域，因此也赢得了众多赞誉。70 年前，它开启了空军时代；50 年前，它将触角伸向了太空；如今，一个全新的领域正等着去探索——网电空间。空军非常重视前任美国总统布什提出的国家安全战略，并认识到此次行动将和网电空间交织在一起的，这使得空军对内部结构做出了重大调整。2005 年 12 月 5 号，美国空军重新定义了美国空军的使命："保障美利坚合众国的主权免受侵犯和保障美利坚合众国天空、太空以及网电空间的全球利益"。因此，现在美国空军训练的基本要求包括了通过计算机下达指挥进行通信、情报的监督和侦察。因此，空军已经把它的军事力量扩展到网电空间。此次官方的空军扩展声明表明,美国空军已经了解到存在于"陆、海、空以及太空领域"的"罪犯、海盗、跨国和政府资助"的军事问题同样存在于网电空间,内部体制的改革必须考虑到这一因素。

相应地,在当时新的任务声明发表的一年内,美国空军进行了内部体制变革。2006 年 1 月,美国空军组建了网电空间任务组。网电空间任务组任务是收集和分析有关网电空间的数据,来自于 28 个不同州的 35 名大学生成为任务组的成员。11 月 2 日,空军秘书长威恩宣布美国第八空军作为新的网电空间司令部。在一年的时间内,美国空军迅速变革内部体制以满足对存在于网电空间的全天候军事打击力量的需要。毫无疑问,美国空军已正式认识到将网电空间作为其作战领域的一部分。然而,综合各方面的因素和事实,美军认为有必要成立一个单独的网络军种,创建网络军队是不可避免的。

9.3.1 美军一个全新的军种——网络部队

美国基于在以往历史、工作安全性需求以及经济状况的综合考虑后决定成立一个新的军种——"网络部队"。美国宪法赋予了国会资助和成立军队的权利,于是,1947 年,国会通过并由总统签署了相关法律,根据该国家安全法规定,美国于 1947 年创建美国空军。这项立法正式将美国空军部队从美国军队中分离开来,形成了一个新的军种。其实早在第二次世界大战结束后,国会就已经强调了"空中军事实力对保卫国家安全的至关重要性",并明确了第八空军的网电空间司令部有着很重要的作用。国会已经意识到"网络军队实力对保卫国家安全至关重要,"所以,第八空军的网电空间司令部很可能从现在的空军中分离出来形成一个全新的军种——"网络部队"。

此外,不仅仅是空军需要结构和资源优化来建立和维持其永久性,网络军队同样需要。美军有六个原因来支持这一假设。

(1)陆军、海军、空军和海军陆战队是相互依存的。这种相互依存关系延伸到了网电空间。捍卫网电空间领域的主权与捍卫地面,海上,空中和太空领域同样重要。所以,在作战中每一个部门需要训练有素的网络战士来协助自己部门应对网络攻击,所有的网络资源都应该投入到网络分支中去,而不是每一个军种都创建自己的网络部门,与陆军专业于陆地战争和海军擅长于海上作战类似,网络军队要在需要时援助其他分支的军队,所以网络军队应该是一个独立的军种,专门在网电空间中作战并且在需要时援助其他分支的军队。

(2)军方应对网络稳定性给予支持,这将有望大大增强国家的网络安全性能。自 2003 年 1 月,已经有三个网络安全顾问(理查德·克拉克、霍华德·施密特和阿米特·约兰)向总统提出辞职申请。这种领导层的不稳定不利于美国网络安全。此外,在网络战中,稳定的军事职业生涯能够吸引更多的网络人才。自由职业的黑客们过着不稳定的"间谍式"生活,如果通过制定相关法律使他们能够合法做他们喜欢的事情,一些人就可以专门从事网络安全及相关领域的工作,并以此来缓解世界范围内网络专家的短缺问题。

(3)军事的财政和技术资源允许网络军事力量跟上计算机技术进步的步伐。军队慷慨的资助将使网络部队与技术进步保持同步。

(4)军队已经在进攻和防守中进行了网络战的部署,而且网络攻击的数量有所增加。在北约对科索沃的空袭中,美国就尝试对塞尔维亚发动计算机网络攻击。显然,军事战争需要网络战士,并需要创建一个单独的网络部队,这将有助于网络部队得到更集中的发展和资金资助,并且有助于该新的分支的长远发展。

(5)美国空军评估了需要制止、防范、救援、攻击 21 世纪网络战的准备工作时间。为了在战场上援助其他军种以及在网络战场上发动战争,网络部队需要单独的资金、战士、设施和学校教育。假若网络部队不分离出来,很可能在空军内部发生资金的竞争。而分离成为一个独立的军种后,网络部队的资金支持将得到保障,网络战士的职业生涯也将清晰明朗。此外,网络部队为了"能够发现、阻止、欺骗、扰乱、防守、拒绝和组织任何信号或电子传输",将需要更多的能够保护其他军种的网络士兵。这个新的军种将需要"文化专家、情报人员、电子战人员、律师",这些人员不仅要了解不同军种的文化和作战目标,而且需要成为各自的领域和网电空间领域的专家。

(6)美军认为其他国家,也可能正在建立一个独立的军种,如果这样,美国就必须拥有强大的军事力量,提供一切必要的资源与之抗衡。显然,到时网络军队会成为美国未来的一部分。基于上述原因,网络军队最好作为一个单独的军种存在。因此,美国国会应该准备创建一个新的军种:网络军队。掌握了这种新的先进军事力量,互联网将会成为一个潜在的非常强大并且极具破坏力的新武器。

9.3.2 美军成立新军种所遭遇的问题

美军组建一个独立的军种—网络军队——仍会涉及到诸多问题。一个重大的问题是成立一个正式的新军种会对私有企业和公共部门之间的自愿关系造成怎样的影响。当然,美国军方将努力与私有企业保持协调和平衡的关系,但最有可能的是,美国联邦调查局与它的 IN-FRAGARD 计划、国土安全部与它的国家网络安全部门,将要处理大量的私有企业问题。而且,正如军队在战争时期要占用土地一样,网络部队在网络战争时期可能要占用一个公司的网电空间。关于占用的程度需要在未来几年内确定。

另一个让人关注的问题是,军事网络部队可能会面对与国家安全局的窃听计划所面对的问题相类似。问题仍然是:网络军队是否能够以保卫国家安全为理由,在没有任何监督的情况下侵犯公民的隐私权?再一个问题是网络部队是否会危及国家安全,因为网络部队依靠外资企业提供重要的防御技巧、产品和技术。其他国家可能不仅可以购买到相类似的网络产品,而且还有可能在系统中嵌入了特殊代码来进行无法检测到的访问。

纵观美国政府的网络安全简史,不仅仅是空军,各个政府机构——特勤局、联邦调查局、国土安全部、国防部、国土安全局、管理和预算办公室以及其他联邦机构——也都涉及到网电空间。在考虑是否要建立一个独立的军种时,必须考虑到一个问题,即这些政府机构的角色是否会与新的独立军种发生冲突。如果新军种的建立不会损害这些政府机构的利益,冲突就不会存在。特勤局的职责是预防、侦查和调查电子犯罪,如儿童色情作品,而不是发动网络攻击,如对某个目的坐标进行语义攻击。与特勤局类似,联邦调查局负责处理网络犯罪。国土安全部的网络安全部门主要与公共、私人和国际机构进行合作来保证网电空间的安全。此外,网络部队最有可能在美国国土安全局占有一席之地,这将有利于在不同的政府机构之间或者直接与总统交流网络安全问题。同样地,网络部队与国防部会互相帮助,而不是互相贬低,因为国防部的联合信息作战中心专注于将信息作战整合到军事计划和行动的中去,管理和预算办公室负责对各个联邦机构的网络安全措施的评估和实行进行监督,它不与军事监督重叠。因此,随着法律的完善、政策的执行以及司法部门的参与,这个新的单独军种在创建过程中所遇到的问题会一一得以解决。

9.4 美军设立联合部队网络指挥官

假设美军每个战区作战司令部都能够选出一位优秀的联合部队网络司令官,那么,前文所提出的各种挑战都将降低难度。这个职位不仅可以为联合部队司令部提供网络方面的支持,还能够在联合部队司令部成立时提供联合特遣部队。同时,在和平时期,这一职位可以为信息作战提供计划参考和支持,还能够帮助联合特遣部队的同时处理突发的危机事件。

每一个配有联合部队网络司令官的战区作战司令部都能够在网电空间战中做好准备,有明确的战斗目标,可以组织发动网电空间中的有准备的军事行动。这一职位的作用是如何最好地整合特派部队和援助部队。通过由相关人员发出网电空间的请求,可以要求获取相应的网电空间资源。通常要达到的目标是在战区作战司令部内部建立"共同认知",以协助,或者在必要的时候引导联合特遣部队。一份战场网络安全合作附录连同《战场合作安全计划》(TSCP)可以用来规范网电空间中内部各个机构之间的长期合作。军事行动计划中应当详细包括网电空间组成的说明,并指出共同的网络分工。目前,正在精心制定的战场计算机网络开发计划就要能够达到所制定的目标。联合部队网络组成司令官要有具备一定的网络战场的经历和专业的技能。具体说来,这个职位要求其对部队官兵非常熟悉,并且要能占据网电空间的战略主动地位。

网络作战部门对于一位联合部队司令部来说是非常重要的,在于它是网电空间军事行动的基础。联合部队网络组成司令官将被适时地配合通过其他军事领域,通过其在网络作战的优势以确定军事目标任务。在不同军事领域的联合过程中可能会出现一些新的想法。例如，一位联合部队网络组成司令官可能会追求一些东西，包括通过网电空间操控系统，在作战中联合空军或陆军的优势。进行战略的风险评估、了解网电空间中敌我双方的作战情况，以及敌方具体军事行动的精确了解，联合部队网络司令部就可以拥有掌控网络战的优势，获取网络战的主动权，更好地为联合特遣部队提供支持。因此，联合部队的网络部队在网络战的优势将对未来战场提供强有力的保障。

联合部队网络司令部最大的争议是美国战略司令部保留战略地位上的对网络战的控制权，这与联合部队负责指挥从上到下的网络军事行动矛盾。这个问题的讨论依赖于网电空间的全球性特性；这对于联合部队而言是一个挑战，因为这涉及到一个权限划分的问题。美军有人或许会认为在网络战方面，联合部队网络司令部将削弱美国战略司令部在网络战的权威。实际上，联合部队网络司令部不会在网络战中侵犯美国战略司令部的地位。除了提高协作水平外，联合部队网络司令官还能够帮助美国战略司令部慎重委派网络战方面的权威人士。另外，美国战略司令部在网络战中存在着不足，因为单纯的战区作战没有处理网络战战略问题的能力。联合部队网络司令部则可以改善这一状况。更为重要的是，先进的信息技术能够使得联合部队司令官能够在不冒任何风险的情况下指挥海军作战部（CNO）。这在当今对于计算机网络军事行动来说是可以实现的，如控制系统攻击。图9.3详尽地展示了战区作战司令部、美国战略司令部和联合部队网络司令部的相互关系，联合部队网络司令部应该具备指挥任何一个部门的网络军事部队的权利。虽然司令部的级别低于战区作战司令部，但是，在联合特遣部队中可以发挥同等的作用和职责。在确定联合部队网络司令官之前，必须明确一些存在的问题。例如，关于网电空间中责任划分的问题。联合部队网络司令部的确立意味着网电空间中的一切行动都被转移到网络司令部的职责范围之内了吗？很显然，不是这样的。但是与其他司令部比较而言，网络司令部协调其他部门的网电空间领域的作战。由于网电空间与其他所有领域都有交叠，所以，典型的"陆"和"海"领域都很大程度上依赖于网电空间。

虽然在权限划分问题上依然存在很多分歧，但是，一个基本的原则

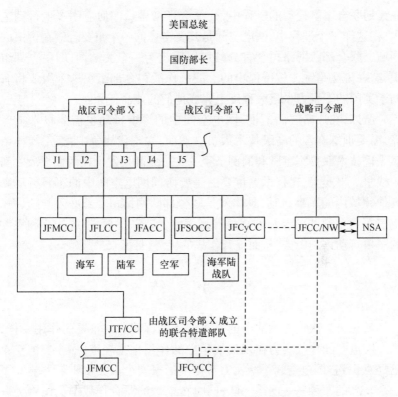

图 9.3 战区司令部与联合部队网络司令部的关系

还是要遵循的,即联合部队网络司令官掌控着网电空间领域自主行动权。这样一来,联合部队网络司令官努力与己方其他部门进行协同,从而达到在网电空间中自主行动的目的。因此,尽管在网电空间中不存在控制权的争夺,但是,网电空间的使用完全可以授权于任何其他网络司令部。例如,如果一个控制着 UAV 和无线电的飞行员没受任何阻碍和干扰的时候,他将由联合部队空军司令部来掌控。然而,当在网电空间中发生争夺战斗时,联合部队网络司令部就必须参与进去来保证网电空间的安全。试想联合部队网络司令部与其中一个领域建立并维持联系,在这个领域内,各自的专家可以自由行动以达到其终极成效。这一"价值链"要求共同努力和团队协作。这种交叉领域的作战必须由网络部队和其他作战部队联合起来才能完成。联合部队网络司令官,在策划联合军事行动的过程中,往往会仔细思量如何应用军事行动艺术,在这样一个过程中,网电空间是其要考虑的一个重要且颇具价值的领域。联合部队网络司令官分歧可以限定为一个关键词,即司令部组织,这一说法是维戈教授提出的。战区作战司令部组织这个组成将有助于美国的军事力量最大程度上完成他们的使命任务。

所以,在战略层面上说,网电空间中的军事行动也需要技术上保障,需要训练有素的高级技术人员。然而,在现代战争中,真正纯粹依靠先进技术取得军事胜利的例子很少——尤其是发生在两大强敌之间的战争。事实上,比技术更重要的是要协同网电空间中的军事行动和其他领域内的军事行动,具体就是联合部队网络司令部必须与陆、海、空三军司令部共同参与到战争计划编制、准备、指挥、持续战斗和主要的军事行动策划中去,从而提升作战的优势,打赢未来战争。

9.5 小　　结

就像第二次世界大战中的空军部队发挥着非常重要的作用一样,当今网电空间作战实力在现代战争中的作用举足轻重,如今美国空军已经意识到"网电空间军队实力对保卫国家安全至关重要",并建立了一个全新的军种——网络部队,同时在未来的联合作战中美国将为联合作战部队配备网电空间作战部门,不仅可以为联合部队作战提供网电空间方面的支持,还能够在联合部队司令部需要时提供联合特遣部队。同时,在和平时期,网电空间部门可以为信息作战提供计划参考和支持,还能够参与处理网电空间突发的危机事件。

参 考 文 献

[1] Gore A. From Red Tape to Results: Creating a Government that Works Better & Costs Less: Report of the National Performance Review[M]. DIANE Publishing, 1993.

[2] Pace P. National Military Strategy for Cyberspace Operations[J]. Unclassified Memo, December, 2006.

[3] Hamre J J. Deputy Secretary of Defense[J]. Memorandum Subject: Smart Card Adoption and Implementation, 1999: 1.

[4] Porter M E. What is Strategy? [J]. 1996.

[5] Force A. Concept of Cyber Warfare[J]. Operational Concept, 2007, 1.

[6] Barracks C. Fundamentals of Information Operations. U. S. Army War College. Carlisle, PA. Dec. , 2007.

[7] U. S. Department of Defense. DoD Releases Unified Command Plan 2008. News Release, 23 December, 2008.

[8] Brock J L. Information Security: Computer Attacks at Department of Defense Pose Increasing Risks[M]. General Accounting Office, 1996.

[9] U. S. Office of the Chairman of the Joint Chiefs of Staff. Information Operations. Joint Publication (JP) 3 – 13. Washington, DC: CJCS, 13 February, 2006.

[10] Luker M A. The National Strategy to Secure Cyberspace[J]. Educause Review, 2003, 38: 60 – 60.

[11] Milan N V. Joint Operational Warfare: Theory and Practice (Newport, RI: US Naval War College, 2009)[J]. Part III.

[12] Milan N V. Joint Operational Warfare: Theory and Practice[J]. Newport, RI: US Naval War College, 2007, 20.

[13] Clausewitz C. On War. Translated by Michael Howard and Peter Paret[J]. Princeton, NJ, 1976.

[14] Wynne M W. Cyberspace as a Domain in Which the Air Force Flies and Fights[C]//Speech at the C41SR Integration Conference, Crystal City, VA. , 2006.

[15] Christensen J. Bracing for Guerrilla Warfare in Cyberspace[J]. CNN Interactive, 1999, 6: 1999.

[16] Erik Stakelbeck. CyberTerror: Defusing the Timebomb, CBNNEwS. COM, Apr. 2, 2007

[17] Ltc. Carlos A. Rodriguez, Cyberterrorism – A Rising Threat in the Western Hemisphere. Washington DC: United States Army National Guard. SANS Institute, 2001.

[18] Chandrasekaran V. Who's Reading Your Email? [J]. SC Infosec, 2003, 1.

[19] Rollins J, Wilson C. Terrorist Capabilities for Cyberattack: Overview and Policy Issues [J], 2005.

[20] Poulsen K. Slammer Worm Crashed Ohio Nuke Plant Network [J]. Security Focus, 2003, 19.

[21] Addicott J F. Terrorism Law: Materials, Cases, Comments[M]. Lawyers & Judges Pub Co, 2009.

[22] Brenner S W, Goodman M D. In Defense of Cyberterrorism: An Argument for Anticipating

Cyber – Attacks[J]. U. Ill. JL Tech. & Pol'y, 2002; 1.

[23] Bob Francis, Know Thy Hacker; the Dollars and Cents of Hacking, INFOWORLD, [EB/OL]. [2005 – 01 – 28] http://www. infoworld. com/article /05/01/28/05OPsecadvise_1. html.

[24] Wilson C. Computer attack and Cyberterrorism; Vulnerabilities and Policy Issues for Congress [J]. Cyberterrorism And Computer Attacks, 2003; 1 – 59.

[25] Kilner J. Bill Gates Says West not Supplying Enough IT talent[J], 2006.

[26] Mears B, Koppel A. NSA Eavesdropping Program Ruled Unconstitutional[J], 2006.

[27] Solce N. Battlefield of Cyberspace; The Inevitable New Military Branch – The Cyber Force, The[J]. Alb. LJ Sci. & Tech. , 2008, 18; 293.

[28] Strobel W P. A Glimpse of Cyberwarfare; Governments Ready Information – age Tricks to Use Against their Adversaries[J]. US NewsWorld Report, 2000, 13.

[29] Thompson D. Cyber Command; The New Frontier, SATELLITE FLYER, [J] Nov. 22, 2006.

[30] Milan N V. Joint Operational Warfare; Theory and Practice[J]. Newport, RI; US Naval War College, 2007, 20.